U0312030

青藏高原生态环境高时空分辨率多源数据动态监测

周广胜　任鸿瑞　张　磊　周梦子　著

气象出版社
China Meteorological Press

内 容 简 介

青藏高原作为地球第三极、世界屋脊，其独特的生态环境正面临着人类活动和气候变暖的诸多挑战，迫切需要研究清楚其变化规律、机理、演变趋势与未来风险。本书通过遥感技术，结合气象与模型数据，首次以地图集形式展示青藏高原近 20 年来的气候、植被、冰川积雪、裸冻土、水体、城乡居民用地和碳源汇等生态环境动态及未来变化趋势。本书资料珍贵，图文并茂，可为从事大气科学、生态学、地理学、环境遥感等领域的科技人员和生态环境管理人员提供参考。

图书在版编目（CIP）数据

青藏高原生态环境高时空分辨率多源数据动态监测 / 周广胜等著. -- 北京 ：气象出版社，2024. 11.
ISBN 978-7-5029-8340-6

Ⅰ．X87

中国国家版本馆 CIP 数据核字第 2024G2B522 号

青藏高原生态环境高时空分辨率多源数据动态监测
Qingzang Gaoyuan Shengtai Huanjing Gao Shikong Fenbianlü Duoyuan Shuju Dongtai Jiance

出版发行：气象出版社	
地　　址：北京市海淀区中关村南大街 46 号	**邮政编码**：100081
电　　话：010-68407112（总编室）　010-68408042（发行部）	
网　　址：http://www.qxcbs.com	**E-mail**：qxcbs@cma.gov.cn
责任编辑：张　斌　隋珂珂	**终　　审**：张　斌
责任校对：张硕杰	**责任技编**：赵相宁
封面设计：博雅锦	
印　　刷：北京地大彩印有限公司	
开　　本：787 mm×1092 mm　1/16	**印　　张**：16.25
字　　数：416 千字	
版　　次：2024 年 11 月第 1 版	**印　　次**：2024 年 11 月第 1 次印刷
定　　价：168.00 元	

前　言

　　生态环境是指与人类密切相关、影响人类生活和生产活动的各种自然力量（物质和能量）或作用的总和（曹光杰，1999）。生态环境动态监测的重点是通过系统的测定和观察，评价和预测生态系统的现状与发展趋势及其受环境影响的变化（陈涛 等，2003）。健康的生态环境对于维持自然界平衡和生态稳定至关重要。青藏高原作为"地球第三极""世界屋脊"，其独特的地理位置和气候条件造就了丰富的生物多样性和复杂的生态系统，在全球气候调节和生态安全中扮演着至关重要的角色。然而，受人类活动和气候变化的影响，青藏高原的生态环境正面临着诸多挑战，如极端天气气候事件频发、植被退化、冰川消融、碳循环紊乱、生物多样性减少等，生态系统脆弱性日益增加。在此背景下，针对青藏高原的生态环境进行长期、系统、全面的动态监测显得尤为重要。

　　常规生态环境监测方法包括手工或半自动化方法，监测效率低、时效性差，难以实时、快速、准确地反映生态环境的实际情况，且数据更新不及时，综合分析能力弱（陈涛 等，2003）。特别是，青藏高原区域复杂的地形和恶劣的气候条件进一步限制了常规方法的使用。遥感技术作为一种高效、广域、实时的监测手段，近年来在生态环境监测中得到了广泛应用。得益于美国陆地卫星（Landsat）、中分辨率成像光谱仪（MODIS）和 Sentinel 等卫星数据的开放获取，通过遥感技术对青藏高原进行长时序、大尺度的生态环境监测成为可能。目前，针对青藏高原积雪（除多，2018）、湖泊（边多 等，2021）等类型的长时序地图集已有研究，然而系统描述青藏高原近年来的生态环境图集尚未公开出版。为此，我们通过遥感技术，结合气象与模型数据，首次以地图集形式展示青藏高原 20 年来的生态环境监测结果以及未来排放情景下的变化趋势，揭示青藏高原生态环境的时空演变规律，对青藏高原生态环境保护和美丽青藏建设具有重要意义。

　　本图集为青藏高原长时序生态环境动态系列图，包括青藏高原的气候环境、植被环境、常绿阔叶林、常绿针叶林、针阔混交林、落叶阔叶林、落叶针叶林、灌丛、高寒灌丛草甸、高寒草甸、高寒草原、高山植被、高寒荒漠、栽培植被、湿地、水体、无植被区和冰川积雪、裸冻土、城乡居民用地和碳收支等要素。同时，我们给出了 SSP1-2.6、SSP2-4.5、SSP3-7.0 和 SSP5-8.5 情景下预估的未来 2030 年和 2060 年青藏高原温度、降水和碳收支的变化特征。本图集通过文字和图幅方式，展示了每类生态环境要素的空间分布细节，阐明了其时间演变特征。本图集有助于读者了解青藏高原不同类型生态环境的空间格局和演变特征。

　　本图集是青藏高原第二次综合科学考察的研究成果之一。青藏高原边界数据来源于国家青藏高原科学数据中心（https://data.tpdc.ac.cn/），遥感和地形数据从 GEE（Google Earth Engine）平台获取（https://earthengine.google.com/），气象数据采用 CRU TS（Climatic Research Unit gridded Time Series）格点化数据集（CRU TS4.07 版本），未来气候情景采用第六次国际耦合模式比较计划（CMIP6）的 7 个地球系统模式对 4 种排放情景：低强迫情景（SSP1-2.6）、中等强迫情景（SSP2-4.5）、中等至高强迫情景（SSP3-7.0）和高强迫情景（SSP5-8.5）的 2030 年和 2060 年青藏高原气候预估结果，碳收支数据来自 TRENDY（Trends in the land carbon cycle）计划的 16 个动态植被模型（DGVMs）模拟结果。16 个动态植被模型为 CABLE-POP、CLASSIC、CLM5.0、IBIS、ISAM、ISBA-CTRIP、JSBACH、JULES、LPJwsl、LPX-Bern、OCN、ORCHIDEE、SDGVM、VISIT、VISIT-NIES 和 YIBs。

作者

2024 年 8 月

制图说明

1 青藏高原边界

本图集所采用的青藏高原边界来自于张镱锂等（2021）通过遥感影像、数字高程模型（Digital Elevation Model，DEM）数据及相关资料，结合地貌宏观结构给出的边界，地图边界仅表示为青藏高原轮廓图。该边界位于 $25°59'30''—40°1'0''$N、$67°40'37''—104°40'57''$E，总面积为 308.34 万 km^2，平均海拔 4320 m，包括中国、印度、巴基斯坦、塔吉克斯坦、阿富汗、尼泊尔、不丹、缅甸、吉尔吉斯斯坦等 9 个国家。其中，中国境内的青藏高原面积约 258.13 万 km^2，平均海拔 4400 m，横跨西藏自治区、青海省、甘肃省、四川省、云南省和新疆维吾尔自治区等 6 个省（区）。

2 投影方式

本图集采用的投影方式为 WGS84（World Geodetic System，1984）地理坐标系。该地理坐标系使用地心坐标系，以地球质心为原点，能够精确表示全球范围内的地理位置。WGS84 是全球通用的地理坐标系统，广泛应用于导航定位、遥感监测和地理信息系统分析等领域，具备国际通用性和共享性。

3 数据资料

3.1 气象数据

气象数据采用英国东英吉利大学发布的 CRU TS（Climatic Research Unit gridded Time Series，CRU TS）格点化数据集。该数据集覆盖自 1901 年以来基于陆地（不包括南极洲）的观测数据，包括平均温度、降水、温度日较差、水汽压等 10 个观测和派生变量，水平分辨率为 $0.5°\times0.5°$。CRU TS 已被广泛应用于古气候重建的校准、气候变异分析等领域，甚至在土木工程、金融和保险行业也被广泛使用。已有研究表明，CRU TS 能够较好地描述中国的温度和降水特征（闻新宇 等，2006；王丹 等，2017）。本图集使用 CRU TS 4.07 版本，新的版本通过纳入更多的气象站点观测数据，提高了数据集在全球范围内的覆盖度和代表性。

3.2 遥感数据

遥感数据采用 MOD09A1 数据集。该数据集为 8 d 合成产品，记录了自 2000 年起全球范围内的陆地表面反射率信息,提供了红、蓝、绿、近红外、中红外、短波红外 1 和短波红外 2 共 7个波段的地表反射率数据,且已经过大气校正和地形校正。MOD09A1 数据集因具有高时间分辨率、高数据质量、多波段等优势,已被广泛用于全球气候模型、生态系统监测、灾害响应等领域。

3.3 地形数据

地形数据采用航天飞机雷达地形测绘任务(Shuttle Radar Topography Mission,SRTM)DEM 数据(Farr et al.,2007)。该数据提供了全球范围的高精度地形高度信息,空间分辨率为 90 m,重采样至与 MOD09A1 数据集一致。SRTM DEM 数据被广泛应用于水文模型、地质研究、基础设施建设、生态环境监测以及城市规划与管理等领域。

3.4 碳收支数据

碳收支数据来自净生物群区生产力比较计划(Trends in the Land Carbon Cycle,TRENDY)的 16 个动态植被模型(DGVMs)模拟结果。16 个动态植被模型为 CABLE-POP、CLASSIC、CLM5.0、IBIS、ISAM、ISBA-CTRIP、JSBACH、JULES、LPJwsl、LPX-Bern、OCN、OR-CHIDEE、SDGVM、VISIT、VISIT-NIES 和 YIBs。这些 DGVMs 涵盖了与自然界周期紧密联系的植被生长、衰亡和死亡有机物质的分解过程,细致地刻画了植被和土壤碳对大气 CO_2 浓度增加以及对气候变化的响应。本图集采用全面考虑大气二氧化碳浓度、氮输入、气候变化、土地覆盖和木材收获率历史变化的 S3 情景数据,用于分析青藏高原碳收支的时空变化特征。

4 制图方法

4.1 气候环境动态监测

根据 CRU TS4.07 逐月数据,对逐月降水量进行求和计算,获取年降水量;对逐月地表温度进行求均值计算,获取年均气温,进而绘制青藏高原气候环境动态监测图。

4.2 植被环境动态监测

本图集将青藏高原分为 16 种类型,包括常绿阔叶林、常绿针叶林、针阔混交林、落叶阔叶林、落叶针叶林、灌丛、高寒灌丛草甸、高寒草甸、高寒草原、高山植被、高寒荒漠、栽培植被、湿地、水体、无植被区和冰川积雪。采用基于气象、地形和遥感信息的随机森林模型和动态更新方式制作青藏高原 2000—2022 年逐年植被地理分布数据,进而绘制青藏高原植被环境动态监测图。

4.2.1 青藏高原参考年植被制图

本图集将 2020 年作为参考年份,采用基于气象、地形和遥感信息的随机森林模型进行植被制图。制图特征包括地形、气象和遥感特征(表 1)。其中,地形特征为高程、坡度和坡向;气候特征为年平均气温和年降水;遥感特征包括 7 个地表反射率(红、蓝、绿、近红外、中红外、短波红外 1 和短波红外 2)以及植被指数、水体指数、建筑指数、冰雪指数和土壤指数等 14 个特征指数。受云污染和观测质量的影响,时序遥感数据会出现随机缺失,导致无法直接应用于分类模型。为此,对时间序列中的所有数据使用百分位特征统计方法以有效减小缺失值和异常值的影响。本图集针对 7 个反射率特征和 14 个指数特征，统计其 15%、30%、45%、60%、75% 和 90% 共 6 个百分位数，得到 126 个遥感特征。结合气象和地形，共建立了 131 个制图特征集合。

表 1　植被环境动态监测制图特征指标

类别	植被制图特征	植被制图特征描述
地形因子	高程	
	坡度	
	坡向	
气候因子	年均气温	
	年降水	
波段反射率	R	红波段反射率（Red）
	N	近红波段反射率（NIR）
	B	蓝波段反射率（Blue）
	G	绿波段反射率（Green）
	M	中红波段反射率（MIR）
	S_1	短波红外 1 波段反射率（Swirl）
	S_2	短波红外 2 波段反射率（Swir2）
植被指数	归一化植被指数（NDVI）	$\dfrac{N-R}{N+R}$
	增强植被指数（EVI）	$2.5 \times \dfrac{N-R}{N+6R-7.5B+1}$
	差值植被指数（DVI）	$N-R$
	比值植被指数（RVI）	$\dfrac{N}{R}$
	绿色叶绿素植被指数（GCVI）	$\dfrac{N}{G}-1$
	土壤调整植被指数（SAVI）	$\dfrac{(N-R) \times 1.5}{N+R+0.5}$
	植被近红外反射率指数（NIRV）	$\dfrac{(N-R) \times N}{N+R}$
水体指数	归一化差值水体指数（NDWI）	$\dfrac{G-N}{G+N}$
	地表水分指数（LSWI）	$\dfrac{N-S_1}{N+S_1}$
建筑指数	归一化差值建筑用地指数（NDBI）	$\dfrac{S_1-N}{S_1+N}$
	建筑用地指数（IBI）	$\dfrac{\text{NDBI}-(\text{SAVI}+(G-S_1)/(G+S_1))/2}{\text{NDBI}+(\text{SAVI}+(G-S_1)/(G+S_1))/2}$
冰雪指数	归一化雪指数（NDSI）	$\dfrac{G-S_1}{G+S_1}$
	归一化冰川指数（NDGlaI）	$\dfrac{G-R}{G+R}$
土壤指数	裸土指数（BI）	$\dfrac{(S_1+R)-(N+B)}{(S_1+R)+(N+B)}$

为解决不同特征之间高度共线性可能造成的过拟合、可解释性低等问题，本图集采用方差膨胀因子(VIF)降低特征之间的共线性(James et al.，2013)。VIF 给出了特征之间存在多重共线性时的方差与不存在多重共线性时的方差之比，可有效排除过拟合和计算成本过高的问题。

$$VIF_j = \frac{1}{1 - R_j^2} \tag{1}$$

式中：VIF_j 是特征 j 的方差膨胀因子；R_j^2 为特征 j 与其他所有特征回归得到的复相关系数平方。VIF 越大，特征共线性越严重；当 VIF>30 时，表明对应特征与其余特征之间存在严重共线性。为确定最优植被制图特征组合，采用平均不纯度减少方法，计算随机森林模型每个特征的重要性，并对其进行排序。按重要性由高到低顺序，依次选择首位、前两位、前三位的特征，以此类推，得到所有特征组合的随机森林模型，进而计算对应的袋外误差。最终，选取袋外误差最小的一组特征作为青藏高原植被制图特征指标，即最优特征组合，绘制参考年份的植被分布图。

4.2.2 青藏高原植被动态更新

为实现青藏高原长时序、连续的植被环境监测，本图集采用 CCD (Continuous Change Detection)算法(式(2))、潜在变化识别算法(式(3))、真实植被类型识别算法(式(4)~式(5))和时空约束方法(式(6))，以 2020 年植被图为青藏高原参考年植被图，通过逐年更新方式得到各个年份的植被地理分布数据。

CCD 算法通过时间序列拟合模型分析观测数据，并利用拟合模型的均方根误差和新观测值的残差检测变化(Zhu et al.，2014；Zhu et al.，2020)。若新观测值的残差值超过标准差的3 倍，则认为该像元的植被类型可能发生变化。该时间序列拟合模型包括谐波项和斜率项，其中谐波项获取年内季节变化，斜率项估算年际变化。当多个连续观测值的残差超过指定阈值时，则将相应时间段标记为断点，并采用新观测值重新拟合时间序列模型，重复此过程，直至识别所有的"断点"或拟合完所有的观测值。CCD 算法可以将整个观测序列分成数个子序列，每个子序列由"断点"分隔，且每个子序列均可通过相应拟合模型的系数进行表达。

$$\hat{\rho}(i,t) = c_{0i} + \sum_{n=1}^{3} \left(a_{ni}\cos\frac{2\pi n}{T}t + b_{ni}\sin\frac{2\pi n}{T}t\right) + c_{1i}t \tag{2}$$

式中：$\hat{\rho}(i,t)$ 是波段 i 在儒略日 t 的预测值；T 是年平均天数；a_{ni} 和 b_{ni} 是波段 i 的 n 阶谐波系数；c_{0i} 和 c_{1i} 为波段 i 的截距和斜率系数。

以 CCD 得到的逐年"断点"为基础，通过交并集运算得到基准年份与目标年份的潜在变化区域。以 2020 年植被图为基准动态更新 2019 年植被图为例，将青藏高原分为 4 个区域：2019年与 2020 年均无断点(不变区域)、2019 年与 2020 年均有断点(潜在变化区域 1)、2019 年有断点而 2020 无断点(潜在变化区域 2)、2019 年无断点而 2020 年有断点(潜在变化区域 3)。将 3 类有断点的区域合并为 2019 年可能存在植被类型变化的潜在区域，其他区域为与 2020年植被类型相同的区域。

$$S_{T-1} = (B_{T-1} \bigcap B_T) \bigcup (B_{T-1} \bigcap \overline{B_T}) \bigcup (\overline{B_{T-1}} \bigcap B_T) \tag{3}$$

式中：S_{T-1} 为第 $T-1$ 年的植被潜在变化区域；B_{T-1} 为第 $T-1$ 年的断点区域；B_T 为第 T 年的断点区域；$\overline{B_{T-1}}$ 为第 $T-1$ 年的非断点区域；$\overline{B_T}$ 为第 T 年的非断点区域。

在潜在变化区域识别算法基础上，以 2020 年所构建的随机森林模型为基础，结合 2019 年的地形、气候、遥感数据以及植被潜在变化区域,得出 2019 年植被潜在变化区域的实际植被类型。结合与 2020 年植被类型一致的其他区域,即可实现 2019 年植被制图。

$$R'_{T-1} = M_{2020}(F_{T-1}, S_{T-1}) \tag{4}$$

$$R_{T-1} = \begin{cases} R'_{T-1}, & S_{T-1} \text{ 且 } R'_{T-1} \neq R_T \\ R_T, & \text{ 其他} \end{cases} \tag{5}$$

式中:M_{2020} 为 2020 年的随机森林模型;F_{T-1} 为第 $T-1$ 年的植被制图特征;S_{T-1} 为第 $T-1$ 年的植被潜在变化区域;R'_{T-1} 为第 $T-1$ 年的植被潜在变化区域植被分类结果;R_T 为第 T 年的植被分类结果;R_{T-1} 为第 $T-1$ 年的植被分类结果。

基于像元的随机森林模型(RF)算法可能会在分类结果中产生椒盐噪声。为此,本图集采用时空约束方法减少该错误。时空约束方法假设地物在空间和时间上不会发生显著且不一致的变化,通过统计中心像素标签与周围 27 个像素标签的一致性来纠正错分的像元(Li et al.,2015)。

$$C_{x,y,t} = \frac{1}{27} \sum_{i=x-1}^{x+1} \sum_{j=y-1}^{y+1} \sum_{k=t-1}^{t+1} I(\text{Label}_{x,y,t} = \text{Label}_{i,j,k}) \tag{6}$$

式中:$C_{x,y,t}$ 为中心像元与周围像元的一致性分数。若 $C_{x,y,t} < 0.5$ 且 $t > 2000$,则该像素被视为错分结果,其标签被纠正为前一年对应标签。由于缺少 2000 年前的分类结果,该年的错误标签将通过 3×3 范围内众数标签代替。

4.3 裸冻土动态监测

裸冻土是指植被覆盖度较小的永久冻土,是气候变化的重要指标,裸地的扩张和冻土的退化反映了气候变暖的趋势,为研究全球变暖提供了实证数据。同时,裸冻土变化对当地社区的生计方式、基础设施建设和经济发展均有潜在的影响,弄清裸冻土变化对于制定适应气候变化的策略和减轻其负面影响至关重要。

为实现青藏高原长时序、连续的裸冻土监测,本图集构建了一种基于多源信息——机器学习融合的稳健的裸冻土提取方法。首先,基于现有的多源冻土数据、专家知识、训练样本细化规则,生成稳定的冻土训练样本,构建特征并使用机器学习算法对冻土进行划分。然后,应用分层分类策略结合机器学习,选取合适的植被覆盖度阈值提取裸地。最后,通过图层叠加分析,获取裸冻土边界。裸冻土提取的整体流程包括 6 个主要步骤:数据预处理、样本点选取、特征指标构建、监督分类、分类后处理和精度评价。

(1)数据预处理

为确保数据的清晰度不受云层覆盖和季节性降雪干扰,首要任务是整合青藏高原研究区域的低云量和轻度积雪影像资料。接着,通过选择相应的地形数据和气象数据等构建分类特征输入随机森林模型。在遥感影像预处理流程中,主要包括三个关键环节:数据集筛选、去云滤波以及多源影像的集成合成。

(2)样本点选取

在进行裸冻土提取时,分别对裸地和冻土进行分类。裸地在分类中选取裸地和植被、建成区、水体、冰雪共 4 类,样本点通过现有土地利用资料和目视解译获得;为使样本点随机、均匀,采用时间一致性较高的现有冻土产品,并选择这些时间稳定的冻土像元作为主要候选点,考虑到之前的冻土产品与现有研究之间存在一个时间间隔,且冻土通常遵循边向中心收缩的模式,将局部窗口为 3×3 的形态侵蚀与扩展滤波器应用于冻土产品,进行形态学"开"操作,以进一步确保冻土训练样本的置信度。先将"交"操作应用于冻土产品,从而得到永久冻土范围交集,再进行形态学"开"操作,即得到冻土最大且最稳定的边界,从而进行冻土样本点选取。

(3)特征指标构建

光谱信息在裸地分类中的局限性主要表现在两个方面:首先,常见的光谱特征提取方法往往存在"同物异谱、异物同谱"的现象;其次,光谱信息无法直接捕捉到永久冻土深层的信息。因为永久冻土通常位于较深的地下,光谱信号难以穿透地表覆盖物直接反映永久冻土的存在情况,使得永久冻土的边界难以准确识别。针对这些局限性,本研究采用了多种分类特征,包括光谱特征、纹理特征、气候特征和空间特征,以提高裸冻土的识别准确性。

光谱特征:为更好地反映地物的特征,本研究使用若干指数用于反映水体、冰雪、植被、裸地等特征(表 2)。

表 2　光谱特征指数

类别	指数名称	指数特征描述
植被指数	NDVI	$\dfrac{\rho_{NIR} - \rho_{Red}}{\rho_{NIR} + \rho_{Red}}$
	DVI	$\rho_{NIR} - \rho_{Red}$
	RVI	$\dfrac{\rho_{NIR}}{\rho_{Red}}$
	EVI	$\dfrac{\rho_{NIR} - \rho_{Red}}{\rho_{NIR} + 6 \times \rho_{Red} - 7.5 \times \rho_{Blue} + 1}$
水体指数	NDWI	$\dfrac{\rho_{Green} - \rho_{NIR}}{\rho_{Green} + \rho_{NIR}}$
	MNDWI	$\dfrac{\rho_{Green} - \rho_{SWIR1}}{\rho_{Green} + \rho_{SWIR1}}$
雪指数	SWI	$\dfrac{\rho_{Green}(\rho_{NIR} - \rho_{SWIR})}{(\rho_{Green} + \rho_{NIR})(\rho_{SWIR} + \rho_{NIR})}$
	NDSI$_{Snow}$	$\dfrac{\rho_{Green} - \rho_{SWIR2}}{\rho_{Green} + \rho_{SWIR2}}$
裸地/建筑指数	NDbaI	$\dfrac{\rho_{Red} - \rho_{TIR1}}{\rho_{Red} + \rho_{TIR1}}$
	SABI	$\dfrac{\rho_{SWIR} - \rho_{Green} - \rho_{Blue}}{\rho_{SWIR} + \rho_{Green} + \rho_{Blue}}$
	NDSI$_{Soil}$	$\dfrac{\rho_{Green} - \rho_{SWIR1}}{\rho_{Green} + \rho_{SWIR1}}$
	NDISI	$\dfrac{\rho_{TIR1} - (\rho_{Green} + \rho_{NIR} + \rho_{SWIR1})/3}{\rho_{TIR1} + (\rho_{Green} + \rho_{NIR} + \rho_{SWIR1})/3}$
	BI	$\dfrac{\rho_{SWIR1} + \rho_{Red} - \rho_{NIR} - \rho_{Blue}}{\rho_{SWIR1} + \rho_{Red} + \rho_{NIR} + \rho_{Blue}}$

注:MNDWI 为改进归一化水体指数;SWI 为雪水指数;NDSI$_{Snow}$为归一化雪指数;NDbaI 为归一化裸地指数;SABI 为简化裸地区域指数;NDSI$_{Soil}$为归一化土壤指数;NDISI 为归一化不透水面指数,后同。

表 2 中,ρ_{Green}、ρ_{SWIR1}、ρ_{SWIR2}、ρ_{BLUE}、ρ_{NIR}、ρ_{RED}、ρ_{TIR1} 分别为 Landsat 影像的绿光波段(Green)、短波红外波段(SWIR1,SWIR2)、蓝光波段(Blue)、近红外波段(NIR)、红光波段(Red)、热红外波段(TIR1)的反射率值。

同时,使用植被覆盖度(FVC)来表示各个地区植被生长状况:

$$\text{FVC} = \frac{\text{NDVI} - \text{NDVI}_{\text{Soil}}}{\text{NDVI}_{\text{Veg}} - \text{NDVI}_{\text{Soil}}} \qquad (7)$$

式中:$\text{NDVI}_{\text{Soil}}$ 为纯土壤像元的 NDVI 值;NDVI_{Veg} 为纯植被像元 NDVI 值,分别采用 5% 置信度截取图像 NDVI 的上下阈值得到;NDVI 指合成图像像元的真实 NDVI 值。

本研究确定亮度指数(brightness index)、绿度指数(greenness index)和湿度指数(wetness index)作为 K-T 变换的分类标志。其中,亮度指数揭示了地表物体的整体反射效果,绿度指数展示了地表的植被状况,而湿度指数则揭示了地表的水分状况。

此外,本研究使用来自哨兵-1 卫星合成孔径雷达的数据。Vertical-Vertical(VV)极化波段能够探测到地表的粗糙度、形态和表面特征等信息;Vertical-Horizontal(VH)极化波段能够探测到地表的植被、冰雪等物体的散射信号,以及地表的湿度、沉积物等信息,并且对土壤水分、植被结构等信息非常敏感。

①纹理特征

地物通常具有不同的纹理特征。例如,不同类型的地表覆盖在遥感图像中通常表现出不同的纹理模式。通过提取图像中的纹理特征,可以帮助识别和分类不同类型的地物,从而解决遥感图像中地物分类"同物异谱、异物同谱"的问题。本研究采用 Gray-Level CO-Occurrence Matrix(GLCM)来描述图像的纹理特征。GLCM 通过分析图像中不同灰度级之间的相对位置关系来捕捉图像的纹理信息,记录了图像中不同灰度级像元在给定方向上出现的频率和位置关系,从而反映了图像的纹理信息。本研究的纹理特征主要包括了合成图像的波段比值的 6 个常用纹理特征,分别为角二阶矩、对比度、相关性、方差、逆差矩和熵(B4_corr,B4_idm,B4_var,B4_asm,B4_contrast,B4_ent)。这些特征能够反映图像的纹理粗细、对比度、相关性、均匀性以及复杂程度,从而为地物分类提供了更加丰富的信息。

②空间特征

地形不仅是重要的成土因素,也是在进行分类过程中必须考虑的特征。其中,高程因素最为重要,直接影响着该区域冻土的宏观分布模式。土壤类型的差异化主要由高程和坡度这两个关键因素所驱动,它们显著影响着土壤荒漠化、盐碱化和沼泽化。本研究利用 DEM 数据构建了海拔(elevation)、坡度(slope)和坡向(aspect)三个特征,作为三个独立的波段,参与原始特征的构建。同时,由于纬度(latitude)和经度(longitude)的不同,冻土在南北方向上产生的热量差异会导致纬度地带性的变化,以及由于与海洋的距离不同而产生的水分状况的差异也会影响到经度地带性,从而改变冻土的宏观分布模式。

③气候特征

本研究使用的气候特征包括年均地表温度(LST)、年降水(precipitation)和年积雪数据(Snow_Cover)。积雪在地表与大气间热传递中起到了显著的屏障作用,阻止了一部分热量传输至地表,其融化过程能大量吸热,从而起到显著的降温效果。这种特性使得积雪对于调节地表温度梯度、稳定冬季平均地表温度具有关键性影响。同时,积雪的持续覆盖有助于缓冲外部气候波动对永久冻土层稳定性产生的负面影响。通过对地表的能量平衡和土壤的热性质进行调整,降水可以改变土壤的冻融和水热迁移,从而影响冻土的水热稳定性。地表温度可以揭示该地区地表辐射热量的平衡以及大气环流的独特性质,通过作用于大气地表之间的水热传输过程,进而影响永久冻土变化。永久冻土的形成与发育在很大程度上取决于地表温度。表 3 给出了裸冻土动态监测制图特征指标。

表 3　裸冻土动态监测制图特征指标

类别		特征
冻土指标	波谱特征	NDVI、EVI、RVI、DVI、SWI、LSWI、NDWI、NDSI$_{Snow}$、brightness、greenness、wetness、FVC、VV、VH
	纹理特征	/
	空间特征	elevation、slope、aspect、longitude、latitude
	气候特征	LST、precipitation、Snow_Cover
裸地指标	波谱特征	B2～B7、NDISI、BI、NDSI$_{Soil}$、SABI、NDVI、NDWI、MNDWI、SWI、NDSI$_{Snow}$、NDbaI、brightness、greenness、wetness
	纹理特征	B4_corr、B4_idm、B4_var、B4_asm、B4_contrast、B4_ent
	空间特征	elevation、slope、aspect
	气候特征	/

注：brightness 为亮度；greenness 为绿度；wetness 为湿度；VV 为垂直—垂直极化波段；VH 为垂直—水平极化波段；elevation 为高程；slope 为坡度；aspect 为坡向；longitude 为经度；latitude 为纬度；LST 为年均地表温度；Snow_Cover 为年积雪；B4_corr 为相关性；B4_idm 为逆差矩；B4_var 为方差；B4_asm 为角二阶矩；B4_contrast 为对比度；B4_ent 为熵，后同。

（4）监督分类

①特征选取

特征选择的关键在于有效缩减输入变量的数量，能显著降低模型的复杂度与计算成本，尤其是在面对高维特征空间时，有助于避免"维度灾难"，防止过度拟合并提升计算效率。此外，通过筛选出对模型效能至关重要的特性，可以增强模型预测的精度和有效性。同时，特征选择也有助于提升模型的可解释性，使得预测结果更为直观易懂，从而进一步增强模型在未知数据上的泛化适应能力。

在冻土提取过程中，当特征提升至 22 个时，冻土绘制的精度达到最优状态，进一步增加特征数量，精度呈现出稳定并逐渐减弱的趋势。由于冻土提取中，各类植被特征相关性很强，增加了模型的复杂性，在提取时去除对制图精度影响较小的植被特征（EVI、FVC、RVI），使用前 19 个特征作为冻土提取的特征，模型总体精度为 0.862；对裸地分类时，当输入特征数为 16、18 时，继续增加特征分类精度提高不明显，使用前 16 和前 18 个特征，模型总体精度分别为 0.972 和 0.930。特征选取结果见表 4。

表 4　特征选取结果

	波谱特征	纹理特征	空间特征	气候特征
冻土特征	brightness、SWI、NDSI$_{Snow}$、DVI、wetness、NDVI、LSWI、NDWI、greenness、VH、VV	/	elevation、slope、aspect、longitude、latitude	LST、precipitation、Snow_Cover
裸地特征	B2～B7、NDVI、MNDWI、SWI、NDWI、NDSI$_{Snow}$、NDSI$_{Soil}$、brightness、wetness	/	elevation	/
	B10、B11、NDbaI、wetness、brightness、greenness、BI、SABI、NDISI、NDVI	B4_corr、B4_idm、B4_var、B4_asm、B4_contrast	elevation、slope、aspect	/

②分类器及参数设置

随机森林由多个决策树组成,通过对训练数据进行随机抽样和特征随机选择来构建一个强大的分类模型。随机森林的参数设置需要根据具体问题和数据集来进行调整,不同的参数组合可能会对模型的性能和泛化能力产生不同的影响。其中,决策树的数量的增大可以增加模型的复杂度和预测准确性,但可能会增加计算时间,数值太小容易欠拟合,故需要参数调优选择一个适当的数值。本研究通过交叉验证等方法进行参数调优,选择合适的决策树数量,其他参数取默认值。

采用逐步优化策略,首先设定随机森林中分类决策树的数量为10,记录对应的制图精度。然后,以5为增量,依次增加决策树的数量,逐一检测每增加5棵树对制图精度的影响。研究发现,随着决策树数量的提升,制图精度呈现出显著的加速增长趋势,在分类决策树的数量超过20棵时,其精度趋于稳定。在冻土分类中,当决策树的个数达到80棵时,精度达到峰值。对于裸地的两次分类,其最优性能分别对应于60棵和70棵树,此后,尽管树的数量继续增加,但精度趋于平缓,表现出相对稳定的态势。

(5)分类后处理

像元级分类技术普遍面临一个挑战,即产生的分类结果中时常包含微小的图斑,这些图斑不仅会降低图像的清晰度和精确性,还可能对后续的应用和分析构成干扰。为提升分类输出的纯净度,有必要实施噪声消除步骤。进行小斑块处理可以帮助进一步优化和改进分类结果,提高结果的质量、可解释性和空间一致性,使分类结果更加连续和合理。本研究首先对地物的图像进行平滑,然后提取出地物小于50像元的部分掩膜掉,利用滑动窗口求取众数得到的平滑图像代替。

(6)模型精度评价

鉴于本研究的裸冻土提取策略本质上是基于像元级别的分类手段,其精确度的评估自然倾向于采用像元级的验证方式,即通过与验证数据集的逐一比对来进行。因此,本研究运用分类混淆矩阵为基础的总体精度和Kappa系数作为评估指标,以验证提取准确性的有效性。

2015—2020年冻土分类的制图总体精度为90.79%,Kappa系数为0.806。2017—2020年裸地提取时采用分层提取的方法,首先对水体、冰雪区域和裸地植被建成区进行分类,再对裸地植被和建成区进行分类,排除建成区后计算年最大植被覆盖度,选取15%作为阈值得到裸地范围。裸地第一次分类的制图总体精度为97.47%,Kappa系数为0.954,裸地第二次分类的制图总体精度为96.99%,Kappa系数为0.911。

通过获得的裸地和冻土范围,进行叠置即可得到裸冻土区域。根据本研究的提取结果可知,2015—2020年永久冻土面积约125万km²,2017—2020年青藏高原的裸地面积约61.350万km²,裸冻土面积约38.596万km²。

4.4　城乡居民用地动态监测

城乡居民用地指城市和农村的聚集地,是人类活动活跃的区域。过去几十年,人类居住的土地迅速扩张,大量的陆地自然表面被不透水面所覆盖。研究表明,以城乡居民用地为主的土地利用/覆盖变化是影响地球生态系统最剧烈和不可逆的土地利用转化方式,对局地、区域乃至全球尺度的生物地球化学循环、水文过程、气候变化以及生物多样性具有重要影响。例如,城市无序扩张导致大量优质耕地流失,大片森林被砍伐等自然资源过度开发,引发了生态环境恶化,同时也对城市可持续发展带来巨大挑战。因此,及时、准确地弄清城乡居民用地变化是城市规划和生态环境保护的基础。

为实现青藏高原长时序、连续的城乡居民用地监测,本研究发展了一种基于光谱—地形—雷达极化特征的城乡居民用地最优随机森林分类模型,建立了基于形态学和像元统计方法的优化城乡居民用地边界提取技术,可以很好地连通破碎城乡居民用地,提高城乡居民用地边界提取的准确性。

城乡居民用地及其边界提取主要包括五个步骤:①预处理,包括云过滤,重采样和影像中值合成;②特征构建,从多源遥感影像中提取光谱特征、地形特征和雷达极化特征;③最优随机森林模型构建,主要包括计算最优决策树参数和最优特征指标;④提取精度评价;⑤随机森林模型最佳指标选择;⑥绘制边界。

(1)预处理

青藏高原全年云量较多,很难获取单时相高质量的卫星影像,需要对原始数据进行云滤波和合成影像。以2020年影像预处理为例,云滤波是筛选2020年全年云量小于20%的影像,共1476景;利用"pixel_qa"波段过滤掉有云像元,分析每个像元的影像数量和可用性程度,直到有效像元覆盖整个青藏高原为止。合成影像是基于GEE提供的中值合成算法,将美国陆地卫星(Landsat)的1476景影像合成一幅无云的高质量遥感影像。

Sentinel-1A卫星,于2014年4月发射,载有C波段合成孔径雷达(Synthetic Aperture Radar,SAR),具有全天候不受天气影响的优点。本研究选择干涉宽幅成像模式(Interfero-metric Wide swath,IW),对2020年1月1日—12月31日所收集的所有SAR数据中值合成得到2020年SAR影像。结合双波段交叉偏振,提取VV和VH雷达极化特征。其中,VV表示在垂直方向发射且在垂直方向接收,VH表示在垂直方向发射且在水平方向接收。

夜间灯光(Nighttime light,NTL)通常由卫星或其他遥感平台搭载的光学或红外传感器收集,被广泛地应用于社会经济活动、光污染、城市扩张等领域。目前,广泛使用的NTL数据集包括国防气象卫星计划(Defense Meteorological Satellite Program,DMSP)数据和可见红外成像辐射计套件(Visible Infrared Imaging Radiometer Suite,VIIRS)数据。本研究使用基于以上两款产品融合处理的时间序列NTL数据集作为青藏高原潜在城乡居民地范围的掩膜数据集。该数据集通过协调来自DMSP数据的NTL观测值和来自VIIRS数据模拟的类似DMSP的NTL观测值,在全球范围内集成了一个综合的、一致的NTL数据集。NTL数据中的记录是数字(DN)值,范围从0到63,值越大,代表灯光强度越高。

本研究将NTL数据在青藏高原地区最小DN值7作为分割阈值,采用最小DN值可以减少对于农村地区的遗漏。在ArcGIS软件中提取DN值大于7的区域,最终得到2020年青藏高原潜在城乡居民用地范围。

对于样本数据,将青藏高原分为城乡居民用地和其他两大类。城乡居民用地根据地表反射率的高低分为高反射率和低反射率城乡居民用地,其他包括植被、水体、裸地、冰雪等土地覆盖类型。通过目视解译从Landsat数据和Google Earth高分辨率影像获取样本,包括训练样本和验证样本,样本点要尽可能随机、均匀地分布在研究区域内。其中,2020年城乡居民用地样本数量为589,非城乡居民用地样本数量1332。在模型训练中,选取70%的样本作为训练样本,30%作为验证样本,用于验证模型的性能和精度。

（2）特征构建

选取的城乡居民用地特征包括光谱特征、地形特征和雷达极化特征，构建了 24 个特征参量（表5）。

表 5 城乡居民用地提取特征集

类别	特征名称	特征描述
地形特征	Elevation	高程
	Slope	坡度
雷达特征	VV	极化特征
	VH	极化特征
反射率	B_2	蓝波段反射率
	B_3	绿波段反射率
	B_4	红波段反射率
	B_5	近红外波段反射率
	B_6	短波红外 1 反射率
	B_7	短波红外 2 反射率
	B_{10}	热红外 1 反射率
	TCB(亮度指数)	缨帽变换亮度特征
	TCG(绿度指数)	缨帽变换绿度特征
	TCW(湿度指数)	缨帽变换湿度特征
光谱特征	BRI(蓝屋顶指数)	$BRI = \dfrac{B_6 - B_2}{B_6 + B_2}$
	NDBI	$NDBI = \dfrac{B_6 - B_5}{B_6 + B_5}$
	NDISI	$NDISI = \dfrac{B_{10} - (\frac{B_3 - B_6}{B_3 + B_6} + B_5 + B_6)/3}{B_{10} + (\frac{B_3 - B_6}{B_3 + B_6} + B_5 + B_6)/3}$
	ENDISI(增强的归一化差异不透水表面指数)	$ENDISI = \dfrac{\frac{2 \times B_2 + B_7}{2} - \frac{B_4 + B_5 + B_6}{3}}{\frac{2 \times B_2 + B_7}{2} + \frac{B_4 + B_5 + B_6}{3}}$
	IBI	$IBI = \dfrac{NDBI - (SAVI + MDNWI)/2}{NDBI + (SAVI + MDNWI)/2}$ $SAVI = \dfrac{(1 + 0.5)(B_5 - B_4)}{0.5 + B_5 + B_4}$
	MNDWI	$MNDWI = \dfrac{B_3 - B_6}{B_3 + B_6}$
	NDVI	$NDVI = \dfrac{B_5 - B_4}{B_5 + B_4}$
	EVI	$EVI = \dfrac{2.5 \times (B_5 - B_4)}{B_5 + 6 \times B_4 - 7.5 \times B_2 + 1}$
	RVI	$RVI = \dfrac{B_5}{B_4}$
	DVI	$DVI = B_5 - B_4$

①光谱特征

光谱特征选择包括原始光谱波段、缨帽变换特征和光谱指数。光谱波段使用 B_2、B_3、B_4、B_5、B_6、B_7、B_{10}，共七个波段。缨帽变换是一种基于多光谱波段的线性变换，可以消除多光谱图像的相对光谱相关性，在城市土地利用分类广泛应用。Landsat8 多光谱影像经过缨帽变换后得到绿度、亮度、湿度三个特征指标。

光谱指数可以进一步突出目标信息的特征。本研究选择归一化建筑指数（Normalized Difference Built-Up Index，NDBI）、归一化差异不透水表面指数（Normalized Difference Impervious Surface Index，NDISI）、增强的归一化差异不透水表面指数（Enhanced Normalized Difference Impervious Surface Index，ENDISI）、建筑用地指数（Index-based Built-up Index，IBI）来增强城乡居民用地信息；选择归一化差异水体指数（Modified Normalized Difference Water Index，MNDWI）提取水体和冰雪；使用归一化植被指数（Normalized Difference Vegetation Index，NDVI）、增强型植被指数（Enhanced Vegetation Index，EVI）、比值植被指数（Ratio Vegetation Index，RVI）、差值植被指数（Difference Vegetation Index，DVI）表达植被信息。

由于青藏高原城市和农村地区存在大量以蓝色为主的高反射率建筑物，为提高城乡居民用地提取的准确性，需要进一步增强此类地物的特征。分析青藏高原典型地物光谱特征曲线发现，蓝屋顶建筑在蓝色波段（B_2）和中红外 1 波段（B_6）的反射率较高，但 B_2 和 B_6 反射率差值相较于其他地物并没有显著差异。因此，利用两个波段的差比较两者之和可以更有效地突出蓝色屋顶建筑和其余地物的特征差异。该指数称为蓝色屋顶指数（Blue Roof Index，BRI），可计算如下：

$$BRI = (SWIR1 - BLUE)/(SWIR1 + BLUE) \tag{8}$$

式中：BLUE 代表 landsat8 卫星蓝色波段；SWIR1 代表 landsat8 卫星中红外 1 波段。

②地形特征

由于青藏高原整体海拔较高，地形起伏复杂，限制了城市和乡村聚落的空间分布。针对城乡居民用地普遍坡度较缓和相对低海拔的特点，提取高程和坡度指标作为模型特征输入。

③雷达极化特征

由于建筑材料表面的高介电性，人造地物特有的几何形状，相比于其他地物能产生较强的后向散射回波信号，可以将 SAR 作为城乡居民用地的特征影像。而 VV 和 VH 极化特征更能反映不透水面的特征，因此，将两者作为 SAR 极化特征输入模型。

（3）最优随机森林模型构建

随机森林（Random Forest，RF）是以决策树为基础的机器学习算法，集成了随机子空间方法和 Bagging 集成学习理论。随机森林算法具有鲁棒性强，稳定性高和数据处理高效等优点，在城市土地利用监测中发挥着重要的作用。

随机森林模型的性能主要受两个参数的影响（其他模型参数取默认值），即随机森林决策树个数 N 和每个决策树节点可选择特征的个数 M。本研究中模型主要用于分类，M 可直接设置默认值，即输入特征数量的平方根。决策树个数 N 的大小直接影响到分类的精度，N 的数值太小容易欠拟合，过大则会增加运算时间，降低运算效率。因此，需要进一步探究 N 与精度之间的关系，得到最佳的模型参数。为此，以 5 为树的数量间隔，从 5 到 200 迭代运行。随着树数量（N）的增加，总体精度逐渐提高，取总体精度最大时的 N，则得到最佳模型参数。

研究表明，随着树数量（N）的增加，总体精度逐渐提高，当 N 为 70 时，达到最大值，约为

96.00％。此后,当 N 继续增加,总体精度保持相对稳定。考虑到过多的决策树数量会影响到模型的效率,将树数量(N)设置为70,以平衡模型的稳定性和准确性。

(4)提取精度评价

精度评价是评估遥感分类结果的准确性,将分类结果与已知属性的样本点进行对比可以直接判断分类结果的质量。本研究使用的精度评价体系是混淆矩阵评价系统,主要评价指标包括总体精度、Kappa 系数、制图精度和用户精度。

(5)随机森林模型最佳指标选择

典型地物的特征差异是分类的前提和关键。因此,选择合适的特征指标对于地物的分类非常重要。本研究根据城乡居民用地在多源遥感数据中展现的不同特征,提取出不同类型的指标,从多个维度描述城乡居民地。本研究设计了四组对照实验分析不同类型的特征指标组合对分类结果的影响,验证特征类型组合的必要性。实验一:仅有光谱特征;实验二:光谱特征＋地形特征;实验三:光谱特征＋极化特征;实验四:光谱特征＋地形特征＋极化特征。在得到最佳的特征类型组合后,仍需要完成指标数量上的优化,这是因为并不是所有的指标在分类中都有相同的重要性,过多的指标数量不仅会降低分类模型的效率,而且会影响到分类的精度,造成"维度灾难"。本研究使用 GEE 平台的重要性分析法,即分类器中的"explain()"方法,计算每一个输入特征在随机森林模型分类中的平均贡献度,并通过排序选择最佳的特征指标。

①不同类型特征组合下的结果差异

四组对照实验的分类结果精度表明(表6),特征类型组合的不同,提取结果具有明显差异性。以实验一为参考,增加地形特征(实验二)、总体精度、Kappa 系数、用户精度和生产者精度分别提高了 3.21％、0.10、2.94％、10.36％;增加极化特征(实验三),各项精度指标分别提高了 4.44％、0.13、6.73％、10.9％;而本研究提出的多特征指标组合(实验四)相较于实验一,各项精度指标分别提高了 5.84％、0.16、11.28％、12.00％。这表明,分别加入地形和极化指标可以在不同程度上提高分类精度,而光谱—地形—极化特征协同建模的分类精度最高。

表6 不同特征组合下提取精度

实验名称	特征组合	总体精度/％	Kappa 系数	用户精度/％	生产者精度/％
实验一	光谱	90.16	0.74	88.07	76.00
实验二	光谱＋地形	93.37	0.84	91.01	86.36
实验三	光谱＋极化	94.60	0.87	94.80	86.90
实验四	光谱＋地形＋极化	96.00	0.90	99.35	88.00

为验证城乡居民用地特征组合的提取效果,选择四个典型区域,分别代表城区、城郊、农村和山区,对四组实验的提取结果进行细节对比,结合四组实验各项指标的重要性可得:实验一中光谱特征指标基本可以将城乡居民用地提取出来,但依旧存在明显的分类错误。例如,漏提了农村地区低密度建筑物,从而严重低估农村居民用地空间分布;由于山区中的裸露的岩石表面、农村区域中休耕的农田等裸地和城乡居民用地的光谱特征相似,将裸地错分为城乡居民用地,高估了城乡居民用地的范围。实验二增加了高程和坡度地形指标,进一步削弱了山区高海拔裸岩的影响,减少了错分的现象。不同于平原城市,青藏高原城区被山脉丘陵包围,高海拔和大坡度的地形不利于城市的扩张。因此,在分类中,地形指标起到了很强的作用性,高程和坡度分类重要性排名前二。雷达极化特征的引入明显减少了休耕裸地的错误分类,增强了人

工建筑的信息。相比于实验一和实验二,无论是城市还是农村的居民用地提取结果都更加准确,聚合度更高,噪声点更少。VV 和 VH 极化指标在模型分类贡献度位列前二。尽管如此,仍然无法提高裸岩和目标信息的可分性,造成山区的错分。实验四将光谱、地形和雷达极化特征共同输入模型中,极大地提高了城乡居民用地和裸地的区分度,减少了农村地区耕地和山区裸岩错分的情况。同时,较为完整地提取城乡居民地,甚至是在低密度的农村地区,很好地减少了漏分的现象。多类型特征指标组合分类结果更加符合真实的城乡居民地空间分布,分类效果最好。地形和极化指标发挥着主要的作用,重要度排名前四。而本文提出的蓝屋顶指数重要性排名第五,在所有的光谱特征指数中排名第一,对于准确的提取城乡居民地发挥着重要的作用。

②特征数量优化

根据光谱、地形、极化特征的最佳特征组合,评估所有的指标在分类中的重要性得分,按照重要性由高到低依次增加指标,分别得到分类的总体精度。总体精度随着指标数量的增加而提高,在第 11 个指标处达到最高精度,随后增加指标数量,总体精度在 96% 保持小幅度波动。因此,选择前 11 个作为最终特征指标,包括 7 个光谱指数指标,2 个地形特征指标和 2 个极化特征指标(表 7)。

表 7　城乡居民点动态监测优化指标

特征类型	原始特征参数	优化后特征参数
光谱特征	B_2-B_7、B_{10}、MNDWI、EVI、RVI、NDVI、DVI、ENDISI、BRI、NDBI、IBI、NDISI、TCB、TCG、TCW	B_5、B_{10}、ENDISI、BRI、NDBI、RVI、MNDWI
地形特征	slope、elevation	slope、elevation
极化特征	VH、VV	VH、VV
总计/个	24	11

基于优化指标的类型和数量,利用随机森林模型开展 2020 年青藏高原城乡居民用地制图。由于青藏高原范围尺度下无法清晰地展示城乡居民地的细节信息,本研究选择 8 个典型城市进行展示,分别为阿里地区噶尔县、日喀则市、拉萨市、那曲市、格尔木市、果洛藏族自治州玛沁县、西宁市和迪庆藏族自治州。结果显示,城市地区城乡居民用地密度较大;农村受限于地形,空间分布较为分散,具有点多、面广、无规则形状等特点。2020 年青藏高原城乡居民用地总面积为 2491.52 km²,占青藏高原总面积约 0.10%。混淆矩阵精度验证表明,总体精度为 97.15%,Kappa 系数 0.93,制图精度 94.61%,用户精度 95.75%,分类效果好,精度较高。

(6)绘制边界

经过随机森林模型分类后得到的城乡居民用地,通常在空间上不连续,趋于多个闭合的区域。例如,城市内部存在大小不一的水域和绿地等自然空间,且在城市边缘区域随着建筑物的密度降低,破碎化程度提高,没有形成清晰完整的边界。农村地区相邻房屋之间存在裸地和植被等背景地物也导致空间的不连续性。为了自动准确地提取城乡居民地边界,本研究基于 GEE 设计以下三个步骤:步骤 1 是基于数学形态学的边界划分,即基于形态学腐蚀和膨胀算法对城乡居民地分类结果进行空间聚合并划定边界,同时去除噪声和平滑边缘区域;步骤 2 是填充自然要素,即自动识别并填充城乡居民地内部自然要素(水域和绿地等),保证空间连续性和完整性,以优化城乡居民地边界;步骤 3 是边缘检测识别边界,即 Canny 边缘检测算法识别并提取矢量边界。

步骤 1:基于数学形态学的边界划分

数学形态学是常用的边界构造方法,基本运算包括腐蚀、膨胀、开运算和闭运算等。本研究使用腐蚀和膨胀这两种常见的数学形态学算子组合来划分边界。通过选择合适大小的结构单元对目标图像进行闭操作运算(先膨胀后腐蚀),达到连接相邻的城乡居民地斑块,填充内部小面积空洞和平滑边缘地区的边界的目的。

腐蚀计算可表述如下:

$$X \ominus B = \{x \mid (B + x) \subseteq X\} \tag{9}$$

式中:X 是原始图像;B 是结构单元;x 为经过 B 腐蚀后的集合。

膨胀计算可表述如下:

$$X \oplus B = \{x \mid (B + X) \bigcup x \neq \emptyset\} \tag{10}$$

式中:X 是原始图像;B 是结构单元;x 为经过 B 膨胀后的集合。

闭运算是腐蚀和膨胀的组合二次运算,即图像 X 通过结构元素 B,先经过腐蚀后经过膨胀,可表述如下:

$$X \cdot B = (X \oplus B) \ominus B \tag{11}$$

由此可见,结构元素的大小决定了图像的处理效果。因此,需要进一步探究该参数对边界提取的影响,设置最佳的结构元素。

为获取最优形态学结构元素,本研究使用一种基于形态学的膨胀腐蚀算法对提取的城乡居民地边界进行优化。结构单元滑动窗口的大小是优化边界效果的关键参数。设置 9 个不同大小的窗口进行边界的划定,分别为 3×3、5×5、7×7、9×9、11×11、13×13、15×15、17×17、19×19。结果表明,随着窗口增大,城乡居民地的连通程度逐渐提高,内部小空洞逐渐减少,但同时也会损失边界的细节信息,造成边界锯齿化严重。当结构元素窗口大小为 13×13 时,城乡居民地连通性较好,边界平滑且连续,最符合实际空间分布。

步骤 2:填充自然要素

经过形态学闭运算后,基本消除了内部小面积的空洞,对于面积较大的水体和绿地需要进一步识别并提取。分析发现,若绿地水体要素完全包含在城乡居民地的内部,其面积一定小于某个阈值。因此,可以将绿地水体的定性判断转化为相连接像元结构的面积定量计算。

GEE 提供的 Connected Pixel Count() 函数可以计算每个像元的八邻域内(边邻域和角邻域的对象)的连接像元数量,数量越多,说明同一属性值的斑块结构越大,筛选这些斑块即可将绿地水体要素属性值转化为目标属性。操作原理如下:首先,使用 Connected Pixel Count() 函数过滤筛选出面积较小的斑块,这些斑块通常是农村建筑和水体绿地要素,面积阈值由像元邻域的最大范围参数 maxSize 决定,本研究将该参数设置为 1024 个像元范围最大值;然后修改所有斑块的属性为 1;最后,将小斑块图层与原始图像叠加,即可得到填充后的城乡居民地。

步骤 3:边缘检测识别边界

使用 GEE 提供的 Canny 边缘检测算法提取边界。Canny 边缘检测使用四个独立的滤波器来识别对角线、垂直和水平边缘,计算水平和垂直方向的一阶导数值和梯度幅度值。由于分类结果是二值图像,属性值由 1(城乡居民地)和 0(非城乡居民地)组成,仅需设置 0 为阈值,梯度幅度高于此阈值则仅将像素视为边缘检测对象并保留所探测的边缘。将检测得到的边缘通过 Image. reduceToVectors()函数转换为矢量格式数据,获得最后的矢量边界数据。

基于最优随机森林模型的分类结果,对初始结果进行形态学运算、识别并填充内部自然要素和边缘检测提取最终的城乡居民地矢量边界。选取西宁市、湟源县、极乐乡和大有山村四个不同级别的区域,将边界叠加到 Google Earth 卫星影像上,可以清楚地观察到边界与实际城乡居民地的空间范围非常吻合,表明本研究提取的边界可以很好地把城乡居民地和其他土地利用类型区域分隔开,边界连续且完整。在高密度城市区域,内部绿地和水体等自然要素完整地被包含进去,边界细节信息丰富。对于乡村区域,低密度的居民点与背景地物相互交错分布,但也可以提取出非常吻合的准确边界。

4.5 碳收支动态监测

由于来自 TRENDY 计划中的 16 个 DGVMs 的水平分辨率不同,为便于计算,采用双线性插值方法统一插值到空间分辨率为 $0.05° \times 0.05°$ 的格点上。考虑到不同的 DGVMs 在模拟青藏高原碳收支的优势和局限,此处采用等权重系数下的多模式集合平均方法,以平衡单一模型可能存在的偏差。

4.6 未来气候环境和碳收支制图方法

来自国际耦合模式比较计划(CMIP)的地球系统模式为预估未来气候和陆地生态系统碳循环提供了可能,尤其是随着陆面模式和数值模式的发展,CMIP6 相对于 CMIP5 在生物地球化学循环方面更为复杂,一定程度上有利于陆地生态系统碳收支模拟。CMIP6 推出了新的预估情景,将共享社会经济路径与辐射强迫进行组合,包含 SSP1-2.6、SSP2-4.5、SSP3-7.0 和 SSP5-8.5,分别对应低强迫情景、中等强迫情景、中等至高强迫情景和高强迫情景。基于目前可下载的 7 个地球系统模式,预估了未来 2030 年和 2060 年不同排放情景下青藏高原温度、降水和碳收支的变化特征,模式的具体信息见表 8。考虑到模式模拟存在的系统性偏差,对于未来的预估,主要给出未来 2030 年和 2060 年相对于历史时期的变化,而不是原始值。同时,考虑到不同模式在结构和参数化方面的差异,不同模式的优缺点不尽相同,为避免单个模式模拟造成的局限性,我们基于等权重的多模式集合平均来降低模拟的不确定性(李伯新 等,2023)。

表 8　7 种地球系统模式信息表

模式名称	国家/地区	分辨率	陆面模式
ACCESS-ESM1-5	澳大利亚	192×145	CABLE2.4
CanESM5-1	加拿大	128×64	CLASS/CTEM
EC-Earth3-Veg	欧盟	512×256	HTESSEL/LPJ-GUESS
EC-Earth3-Veg-LR	欧盟	320×160	HTESSEL/LPJ-GUESS
IPSL-CM6A-LR	法国	320×1	ORCHIDEE
NorESM2-LM	挪威	144×96	CLM
NorESM2-MM	挪威	288×192	CLM

目　录

绪　　论

　　青藏高原被誉为"世界屋脊"，其独特的地理位置和气候条件，孕育了丰富的生物多样性和复杂的生态系统。受地形和季风影响，青藏高原东南部降水丰沛，以森林、草甸等茂密植被为主；中部降水较少，多分布为草原；西部和北部干旱且低温，植被稀疏，以荒漠为主。作为中国生态工程的重点实施区，青藏高原的生态系统具有显著的固碳能力和生态服务功能。受气候变暖和人类活动影响，青藏高原植被地理分布与生态功能近年来正在经历深刻变迁，植被生产力和碳汇功能显著增加。

　　本图集利用站点数据和多源遥感卫星监测资料，通过制图方式对青藏高原 2000—2022 年的生态环境进行了年尺度、空间分辨率 500 m 的动态监测，包括气候环境、植被环境、常绿阔叶林、常绿针叶林、针阔混交林、落叶阔叶林、落叶针叶林、灌丛、高寒灌丛草甸、高寒草甸、高寒草原、高山植被、高寒荒漠、栽培植被、湿地、水体、无植被区、冰川积雪、裸冻土、城乡居民用地和碳收支等要素。同时，本图集给出了排放情景 SSP1-2.6、SP2-4.5、SSP3-7.0 和 SSP5-8.5 下 2030 年和 2060 年青藏高原温度、降水和碳收支的预估。

　　历史数据分析表明，青藏高原 2000—2022 年平均温度为 −0.29 ℃，整体气温偏低，呈现波动的增温趋势，增温速率为 0.1 ℃/(10 a)。温度分布随纬度和海拔高度存在明显异质性，低值中心位于西北部昆仑山和东北部祁连山地区，高值中心出现在东南部，因地势低且受季风暖湿气流影响，年均温在 0 ℃ 以上。青藏高原 2000—2022 年均降水量为 405.14 mm，表现出弱的减小趋势，变化速率为 −0.38 mm/a。降水分布呈东南向西北递减，高值区位于东南部横断山脉地区，年降水量可达 1000 mm 以上，低值区在西部藏北高原和中北部柴达木盆地。未来预估表明，在不同排放情景（SSP1-2.6、SSP2-4.5、SSP3-7.0 和 SSP5-8.5）下，青藏高原 2030 年和 2060 年的气温和降水均呈现增加趋势。具体而言，在四种排放情景下，2030 年青藏高原温度分别增加 0.87 ℃、1.16 ℃、1.14 ℃ 和 1.24 ℃，且温度增加值的空间分布在不同情景下有所不同。2060 年青藏高原气温增加幅度进一步提升，四种情景下升温均超过 2 ℃ 且随排放情景的增强而增大。空间分布特征显示，藏东南地区的增温幅度较低，而西南部地区的增温幅度较高。对于降水，2030 年青藏高原在四种情景下分别增加 7.16%、1.08%、0.31% 和 1.03%，其中 SSP1-2.6 情景下降水的增加幅度最高。降水增加幅度的空间分布因排放情景不同而有所变化。到 2060 年，青藏高原年降水量进一步增加，四种情景下相较于历史时期年降水量增长幅度均超过 8%。在空间上，大部分地区降水均表现为增加趋势，不同情景下只在零星地区表现为减小趋势。

　　青藏高原的植被覆盖面积在 2000—2022 年间显著增大。高寒草甸、高寒草原、高山植被和高寒荒漠是主要植被类型，约占青藏高原总面积的 76.31%～76.39%。其中，高寒荒漠面积减小最大,约 22210 km²,变化率为 −3.83%;高山植被面积增加最大,约 12784 km²,变化率为 2.76%。在青藏高原的 5 种林地中,常绿阔叶林和常绿针叶林面积略有减小,而针阔混交林、落叶阔叶林和落叶针叶林面积略有增大。此外,青藏高原的水体呈增大趋势,面积增长约 4338 km²,变化率为 8.4%。

青藏高原地区城乡居民地面积在 1985—2020 年间显著扩张,从 1985 年的 1338.56 km² 增大到 2020 年的 2491.52 km²,增大了 1152.95 km²,总体增长 0.86 倍,且在 2005 年后扩张加速明显。青藏高原裸冻土面积在 1990—2020 年呈波动式减小趋势,从 41 万 km² 减小到 38 万 km²。裸冻土面积 2003—2004 年面积最小,约为 38.2 万 km²,而 2019—2020 年则达到最大值,约为 42.8 万 km²。2000—2002 年裸冻土面积减小速率最大,约 −8.47%;2005—2006 年增长速率最大,约 3.58%。

青藏高原植被平均总初级生产力(Gross Primary Productivity,GPP)、生态系统呼吸 (Ecosystem Respiration,ER)和净生态系统生产力(Net Ecosystem Productivity,NEP)在 2000—2021 年间的均值分别为 1320.64 Tg(C)/a、1193.45 Tg(C)/a 和 127.19 Tg(C)/a,不同估算方法导致结果存在差异。2000—2021 年,青藏高原植被平均 GPP 呈现明显的空间分异,自东南向西北递减。高原东部和东南部地区 GPP 高达 1200 g(C)/m²,高原北部荒漠区 GPP 小于 150 g(C)/m²。2000—2021 年,大部分地区植被 GPP 呈增加趋势,东部边缘地区增加速率高达 10 g(C)/(m²·a)。植被 GPP 减小趋势主要集中在高原南部森林地区,降水量减少是其主要的限制因素。ER 和 GPP 的空间分布类似,但量级较低,青藏高原整体表现为碳汇,NEP 在空间分布上自东南向西北递减,同时自 2000 年以来大部分地区 NEP 呈上升趋势。未来预估表明,在不同排放情景(SSP1-2.6、SSP2-4.5、SSP3-7.0 和 SSP5-8.5)下,青藏高原植被生态系统的 GPP、ER 和 NEP 在 2030 年和 2060 年均呈现出增加趋势。2030 年青藏高原 GPP 空间分布自东南向西北递减,同时西南边界出现高值区。ER 的空间分布与 GPP 相似,同样表现为增加趋势。NEP 整体增加,但存在明显的空间异质性且在不同排放情景下有所不同。到 2060 年,GPP、ER 和 NEP 的增加幅度进一步升高,并且随排放情景的增加而增加,空间分布特征与 2030 年类似。因此,青藏高原在未来仍将维持碳汇,同时将呈现一定的空间异质性。

一、气候环境

　　青藏高原是全球平均海拔最高、地形最复杂的高原,被称为"世界屋脊",是全球气候变化的敏感区。2000—2022年青藏高原年平均温度为 $-0.29\ ℃$,自2000年以来,青藏高原年平均温度变化缓慢,表现为波动的增温趋势,增温速率为 $0.1\ ℃/(10\ a)$,但并未通过显著性检验($p=0.11$,图1.1)。青藏高原气温随纬度和海拔高度表现出明显的空间异质性,整体气温偏低,2000—2022年青藏高原年平均温度存在两个低值中心,一个位于高原西北部的昆仑山地区,另一个位于高原东北部的祁连山地区,其温度略高于昆仑山区(图1.2)。就变化趋势而言,2000—2022年青藏高原的大部分地区表现为增温趋势,增温高值区主要位于高原的东部地区(图1.3~图1.25)。

　　青藏高原地区属于高原山地气候,降水量较少。2000—2022年,青藏高原年平均降水量为405.14 mm。自2000年以来,青藏高原地区的年降水量表现为弱的减小趋势,变化速率为 $-0.38\ mm/a$,并未通过显著性检验($p=0.45$,图1.1)。就多年平均而言,青藏高原降水的空间格局表现为自东南向西北递减的分布规律,降水的高值区位于高原东南部的横断山脉地区,低值区主要出现在西部的藏北高原区和中北部的柴达木盆地(图1.26)。2000—2022年,降水变化速率表现出明显的空间差异,高原南部和东南部地区降水量表现为下降趋势,减小速率高达5 mm/a,而高原北部的三江源地区则表现为增加趋势(图1.27~图1.49)。

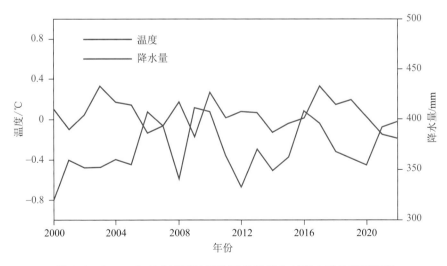

图1.1　2000—2022年青藏高原年平均温度和年降水量的时间序列

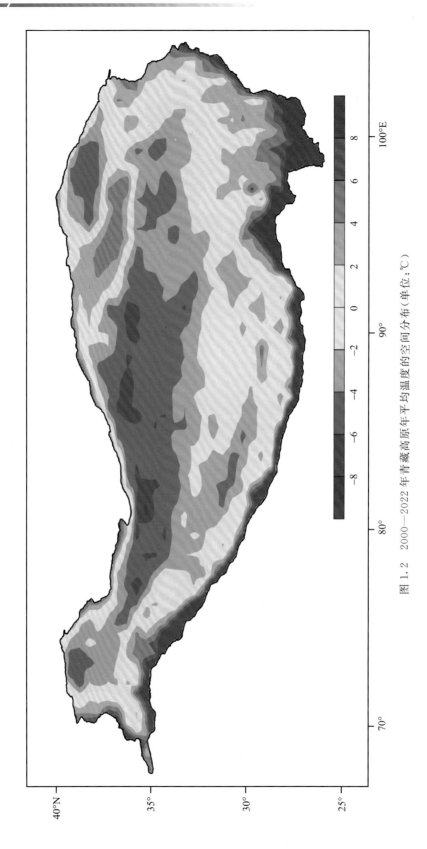

图 1.2　2000—2022 年青藏高原年平均温度的空间分布（单位：℃）

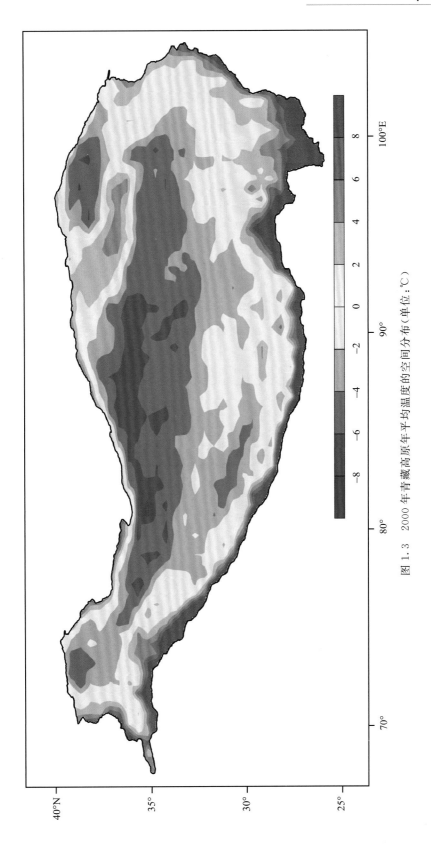

图 1.3　2000 年青藏高原年平均温度的空间分布（单位：℃）

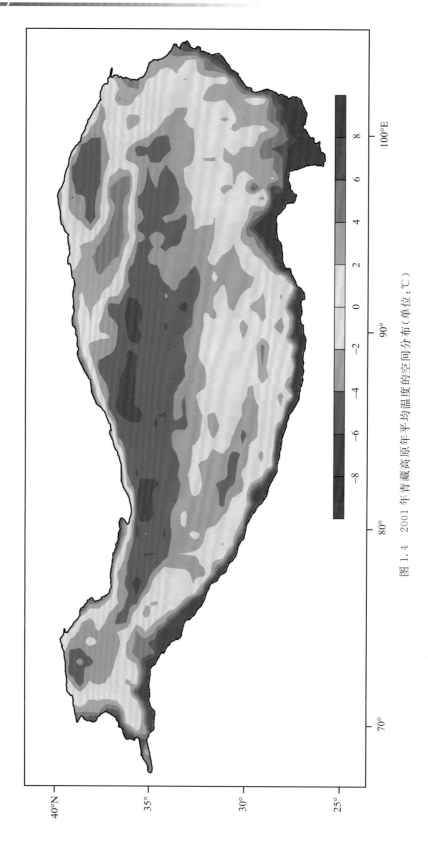

图 1.4 2001 年青藏高原年平均温度的空间分布（单位：℃）

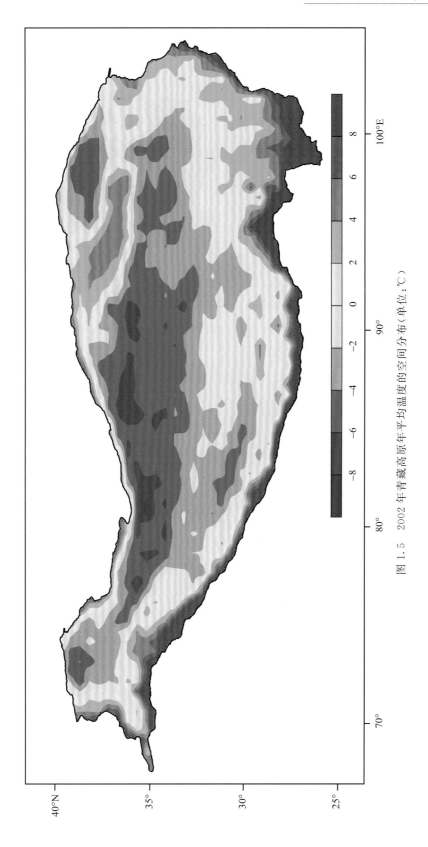

图 1.5 2002 年青藏高原年平均温度的空间分布（单位：℃）

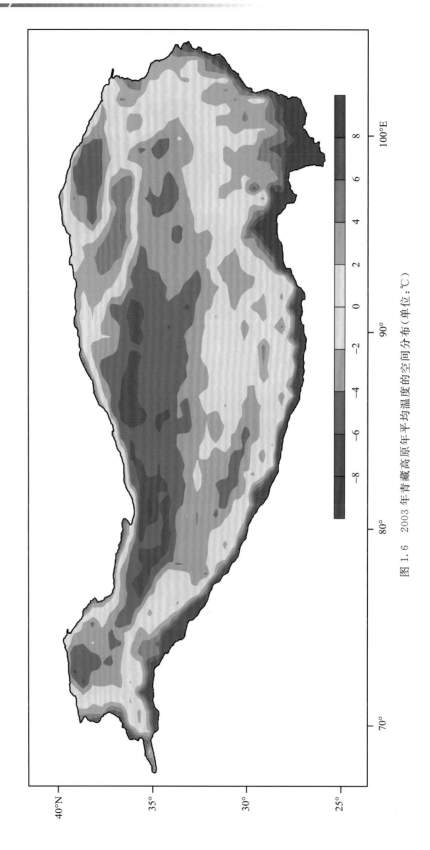

图 1.6　2003 年青藏高原年平均温度的空间分布（单位：℃）

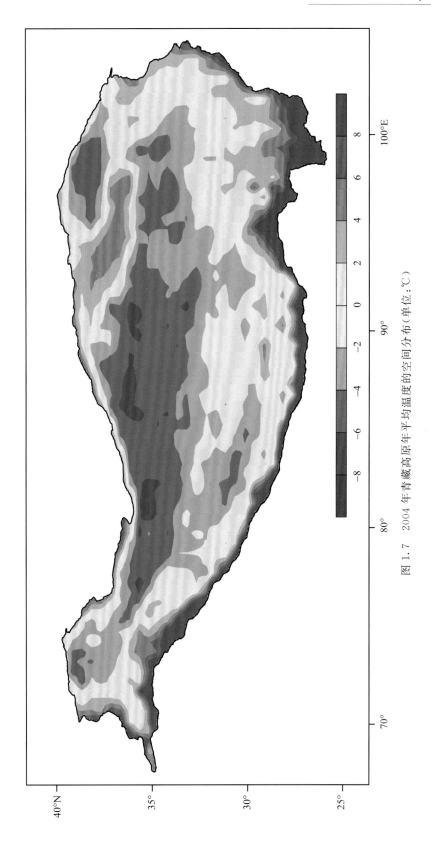

图 1.7　2004 年青藏高原年平均温度的空间分布（单位：℃）

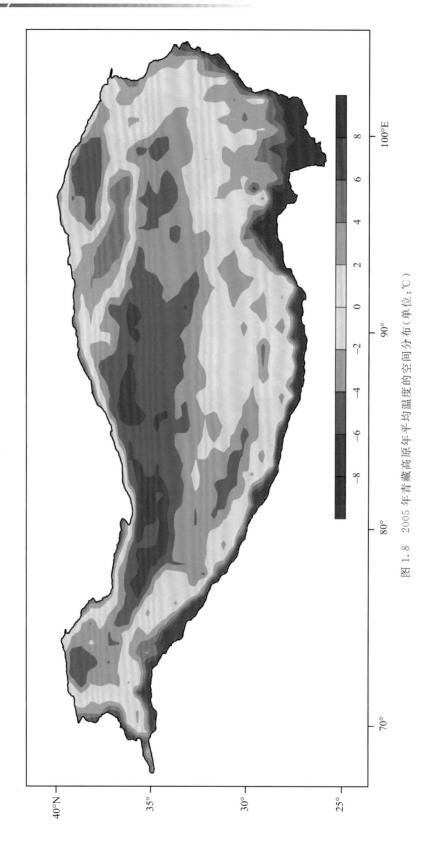

图 1.8 2005 年青藏高原年平均温度的空间分布（单位：℃）

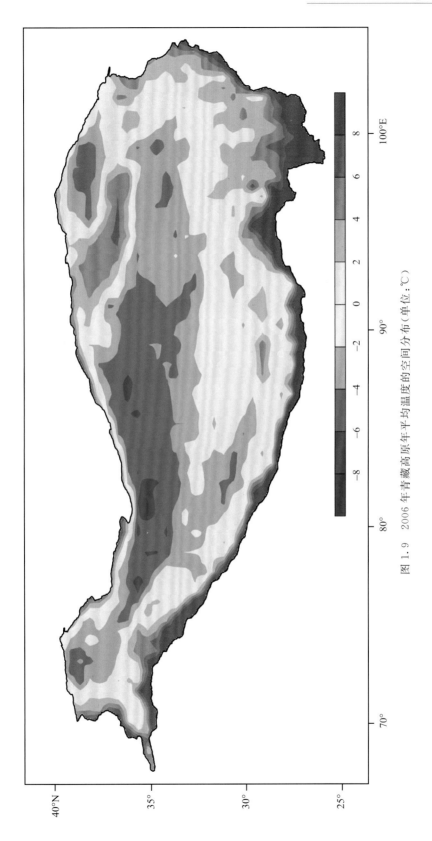

图 1.9　2006 年青藏高原年平均温度的空间分布（单位：℃）

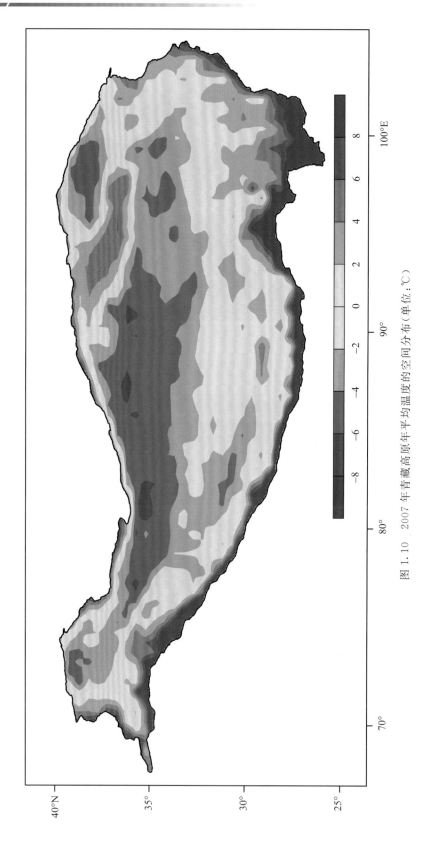

图1.10　2007年青藏高原年平均温度的空间分布（单位：℃）

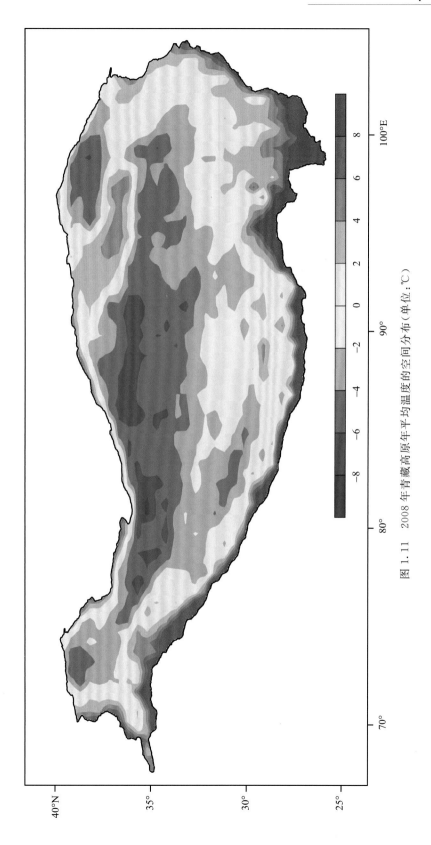

图 1.11　2008 年青藏高原年平均温度的空间分布（单位：℃）

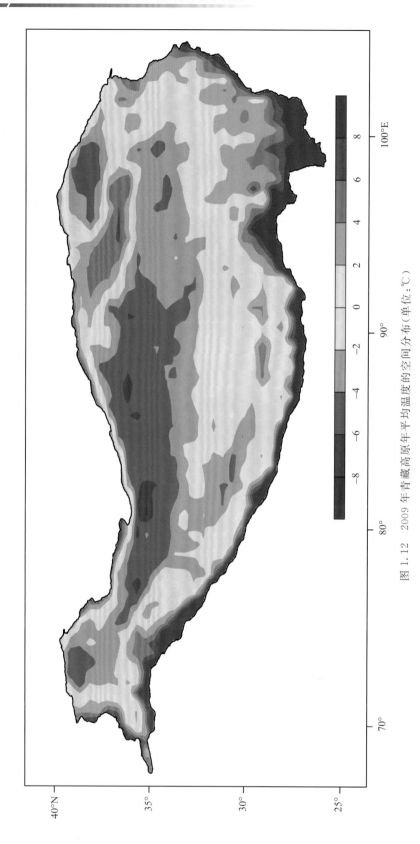

图 1.12 2009 年青藏高原年平均温度的空间分布（单位：℃）

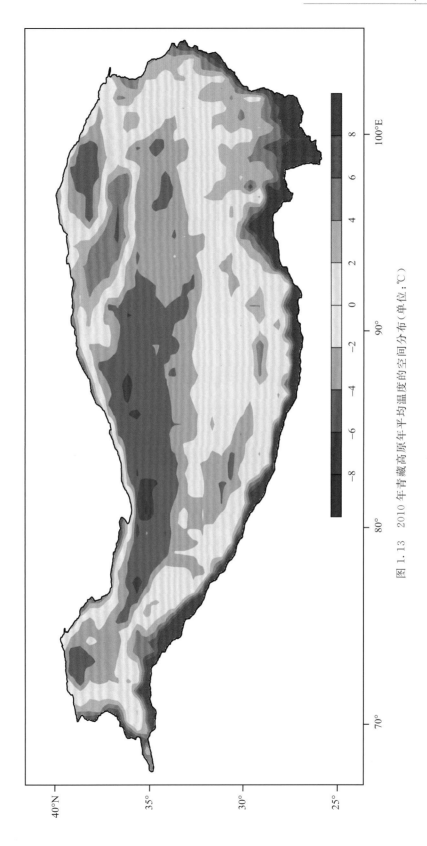

图 1.13　2010 年青藏高原年平均温度的空间分布（单位：℃）

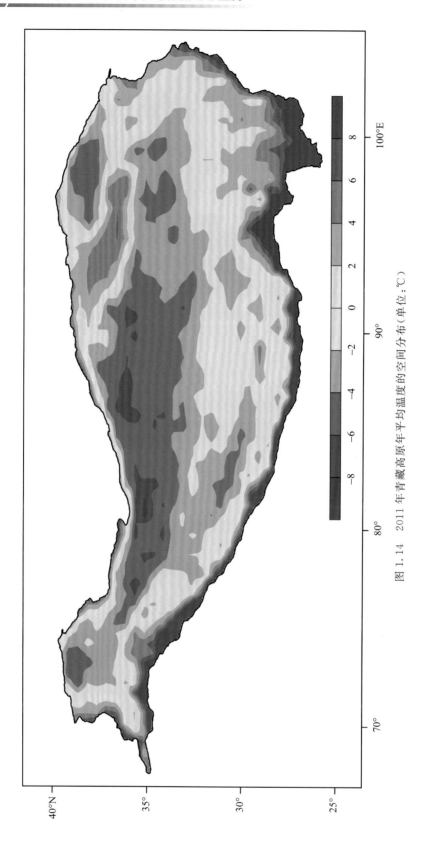

图 1.14 2011 年青藏高原年平均温度的空间分布（单位：℃）

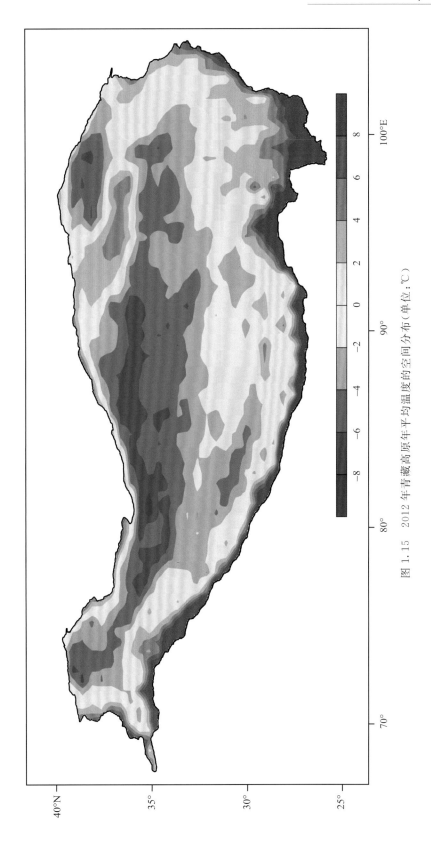

图 1.15　2012 年青藏高原年平均温度的空间分布（单位：℃）

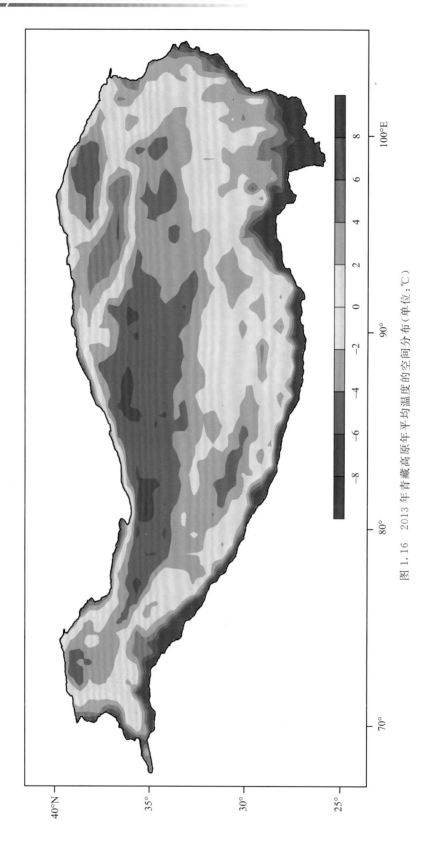

图 1.16 2013 年青藏高原年平均温度的空间分布（单位：℃）

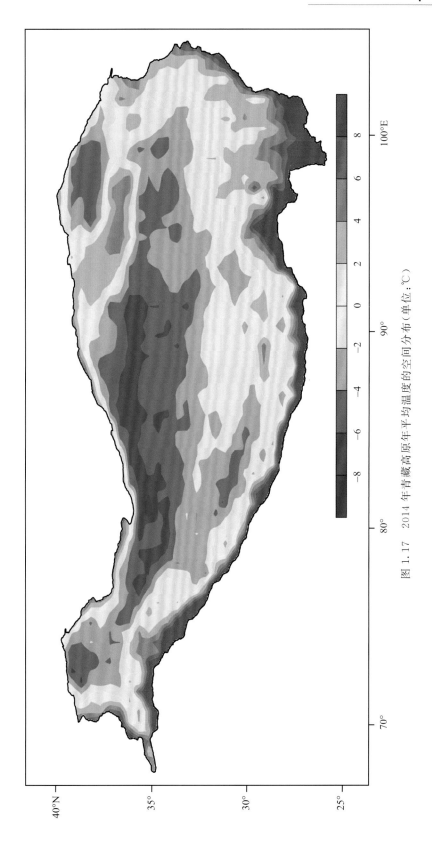

图 1.17　2014 年青藏高原年平均温度的空间分布（单位：℃）

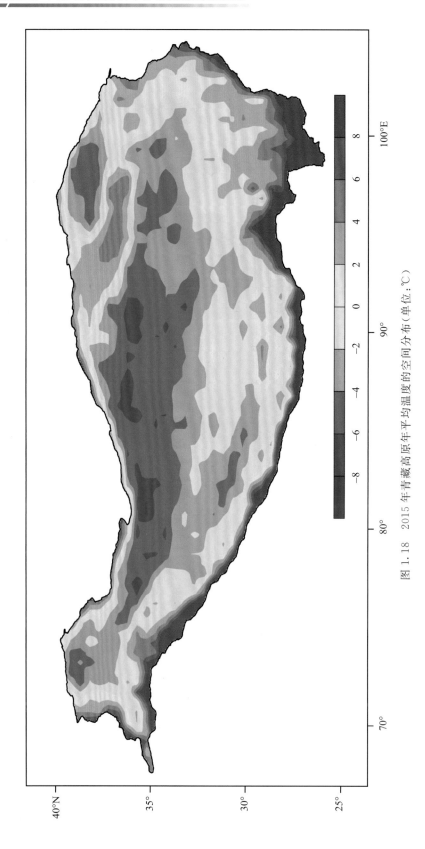

图 1.18　2015 年青藏高原年平均温度的空间分布（单位：℃）

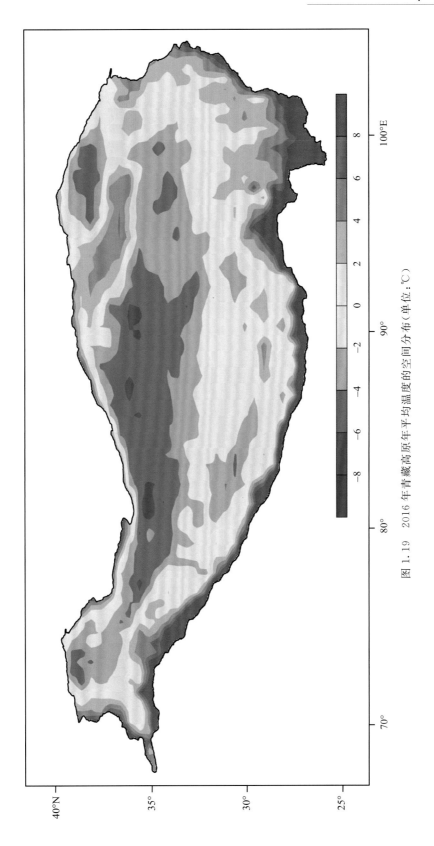

图 1.19 2016 年青藏高原年平均温度的空间分布（单位：℃）

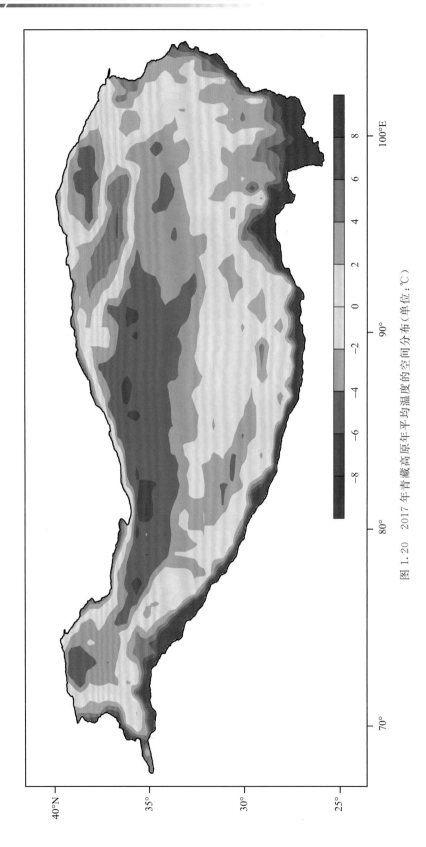

图1.20 2017年青藏高原年平均温度的空间分布（单位：℃）

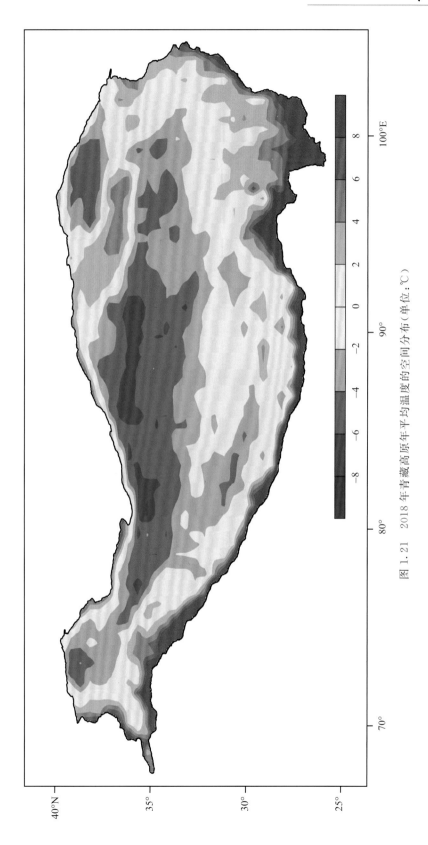

图 1.21 2018 年青藏高原年平均温度的空间分布（单位：℃）

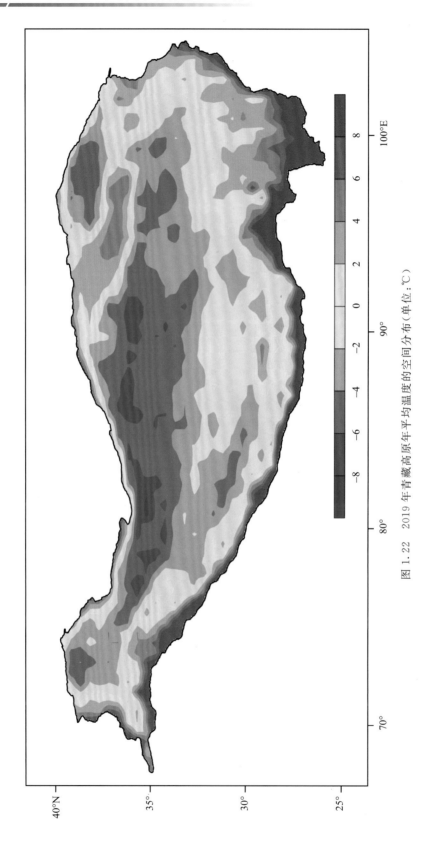

图 1.22　2019 年青藏高原年平均温度的空间分布（单位：℃）

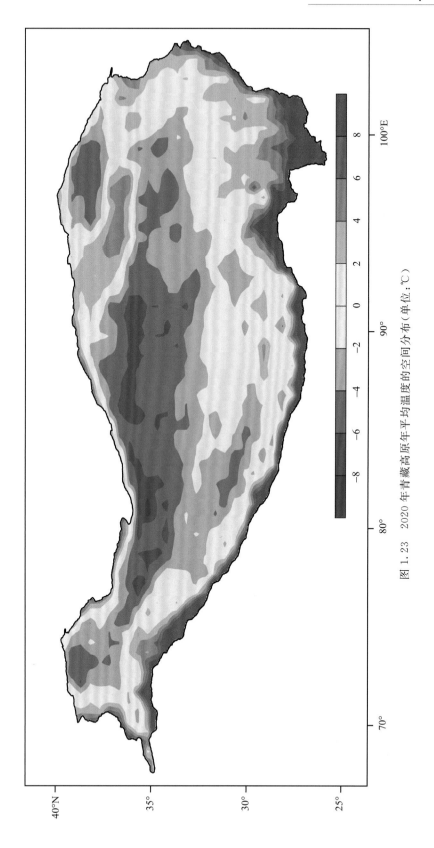

图 1.23 2020 年青藏高原年平均温度的空间分布（单位：℃）

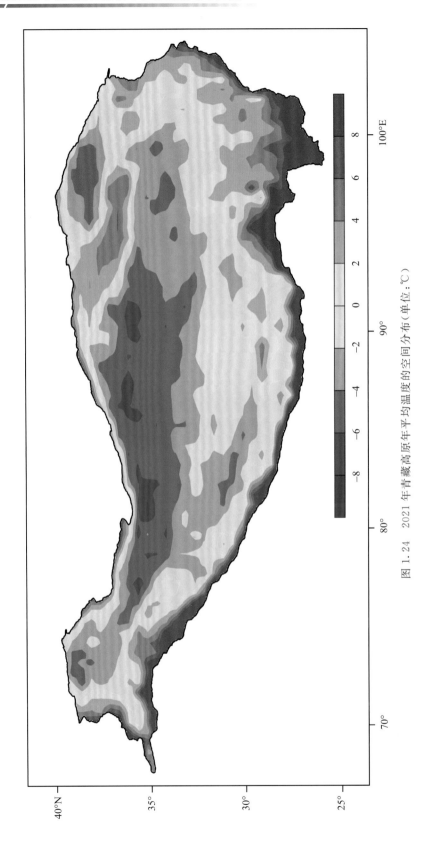

图 1.24　2021 年青藏高原年平均温度的空间分布（单位：℃）

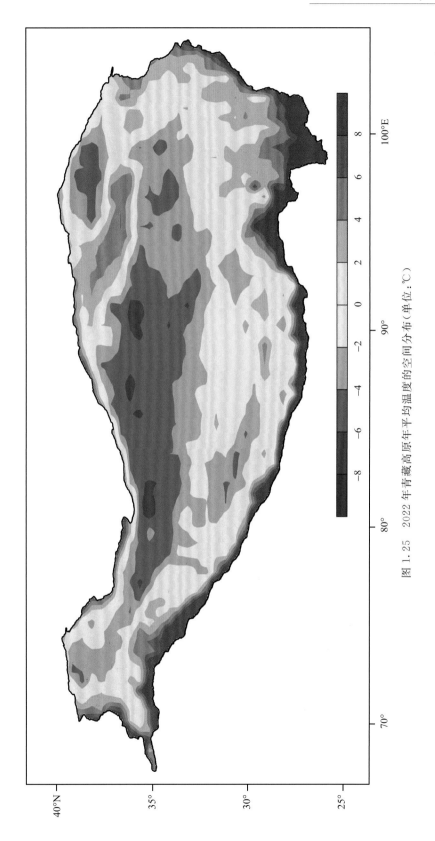

图 1.25　2022 年青藏高原年平均温度的空间分布（单位：℃）

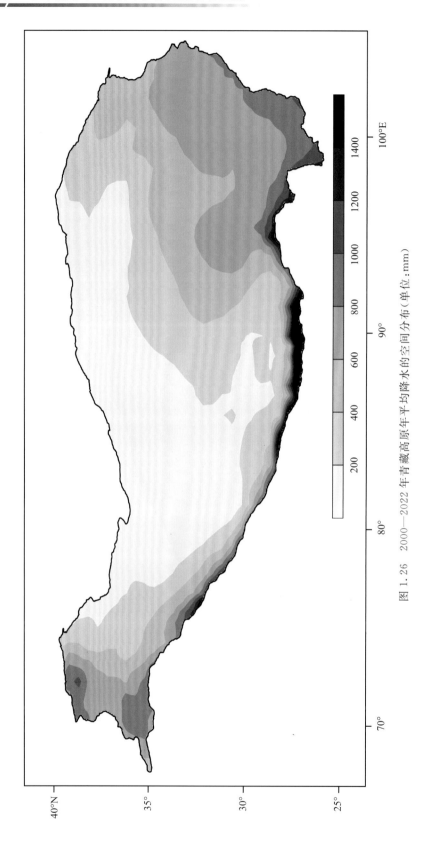

图 1.26 2000—2022 年青藏高原年平均降水的空间分布（单位：mm）

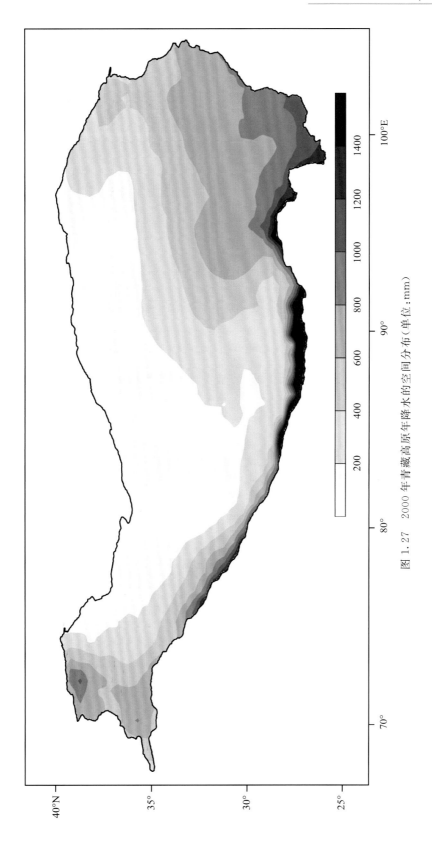

图 1.27　2000 年青藏高原年降水的空间分布（单位：mm）

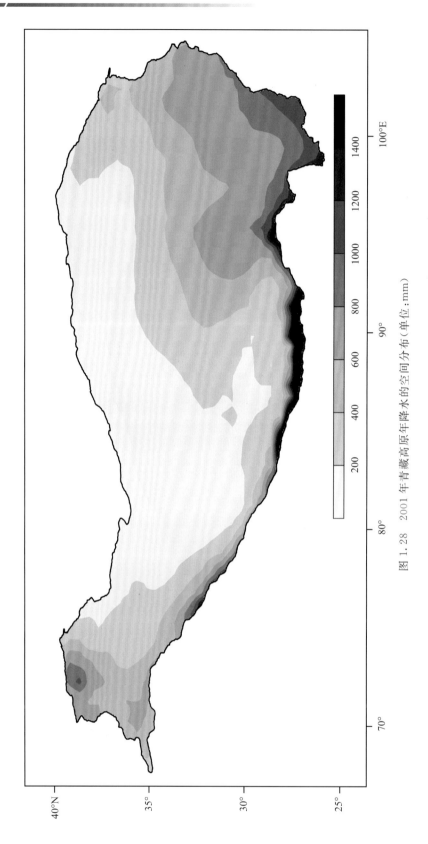

图 1.28　2001 年青藏高原年降水的空间分布（单位：mm）

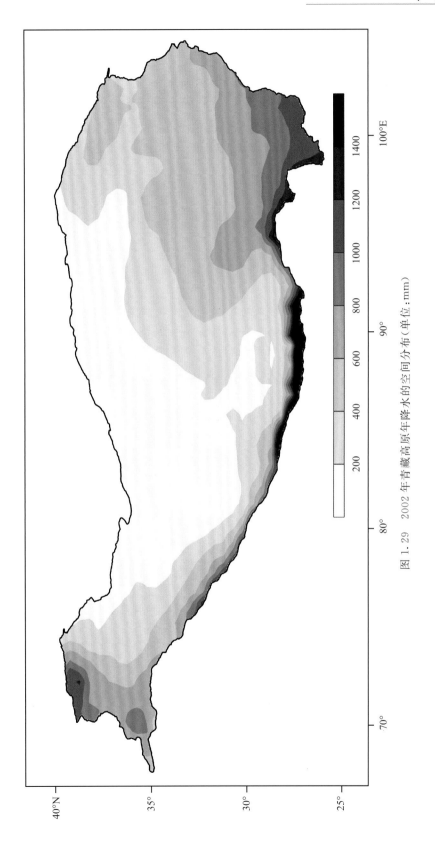

图 1.29 2002 年青藏高原年降水的空间分布（单位：mm）

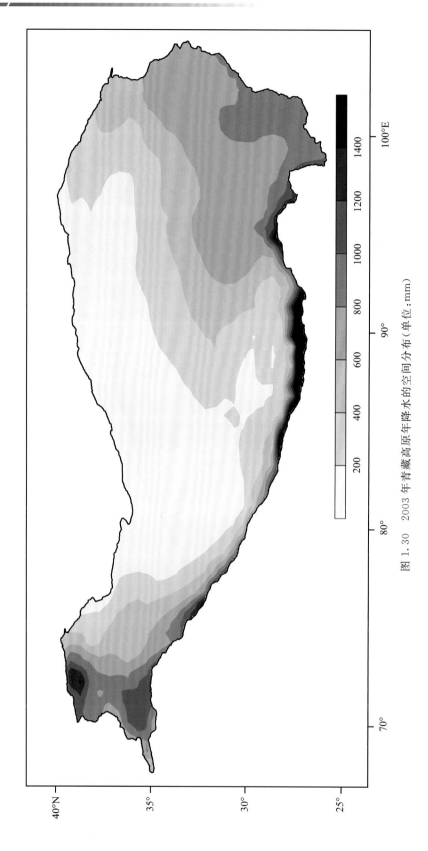

图 1.30　2003 年青藏高原年降水的空间分布（单位：mm）

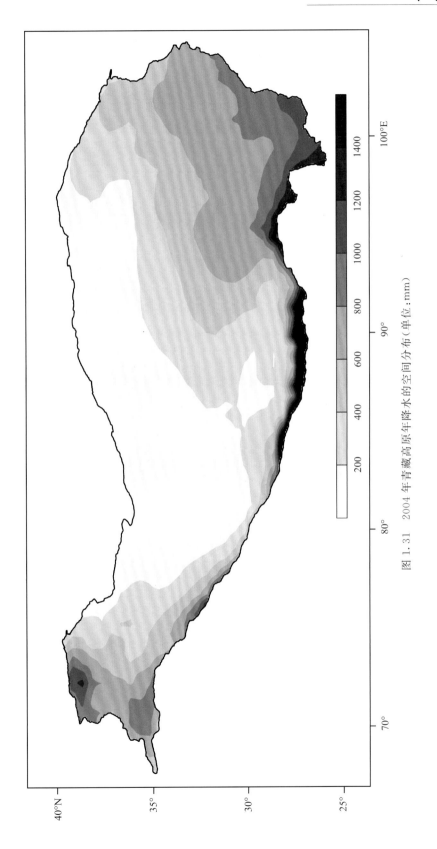

图 1.31　2004 年青藏高原年降水的空间分布（单位：mm）

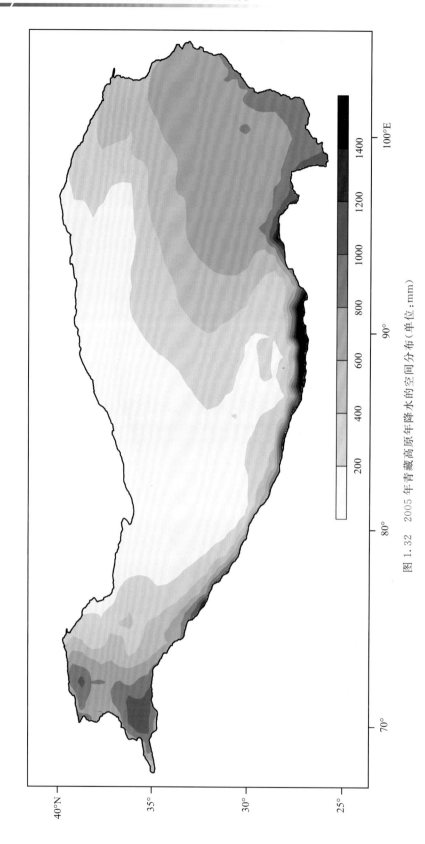

图 1.32　2005 年青藏高原年降水的空间分布（单位：mm）

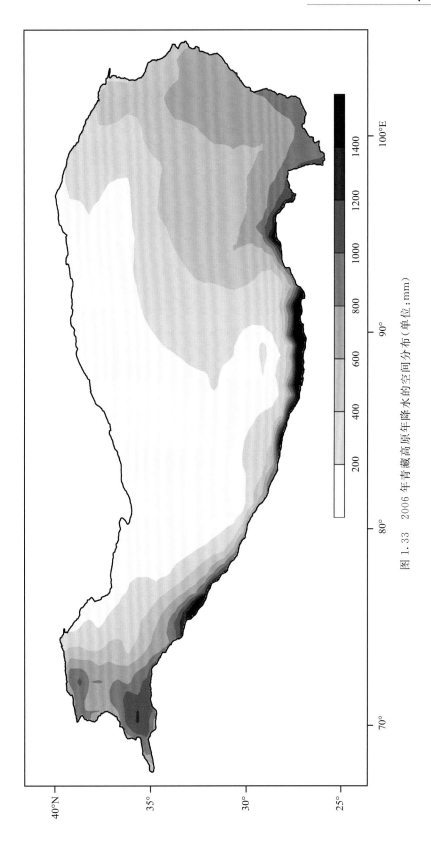

图 1.33 2006 年青藏高原年降水的空间分布（单位：mm）

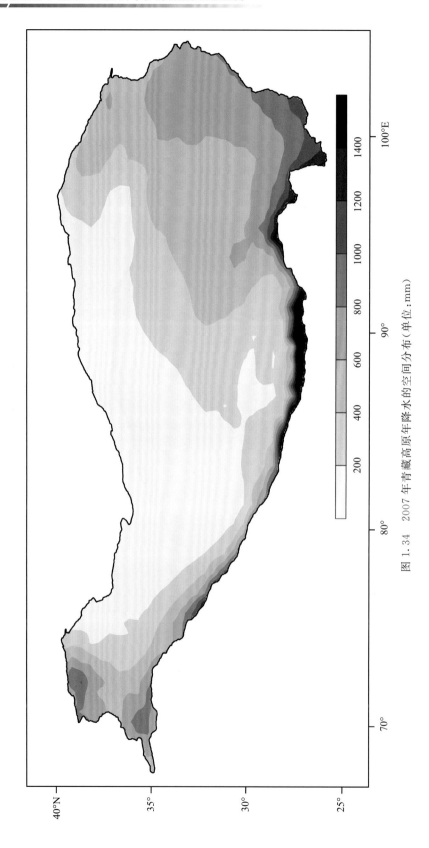

图 1.34　2007 年青藏高原年降水的空间分布（单位：mm）

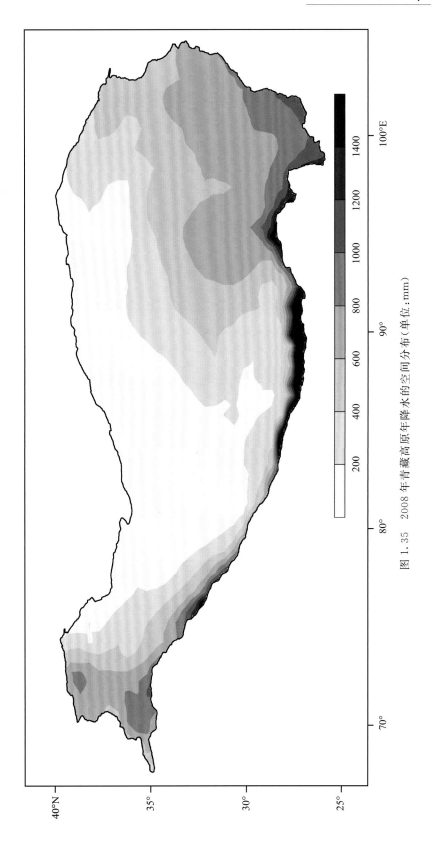

图 1.35　2008 年青藏高原年降水的空间分布（单位：mm）

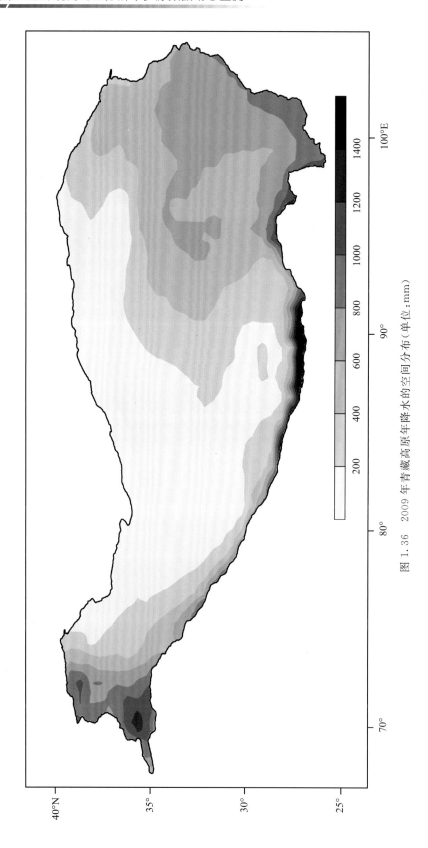

图 1.36 2009 年青藏高原年降水的空间分布（单位：mm）

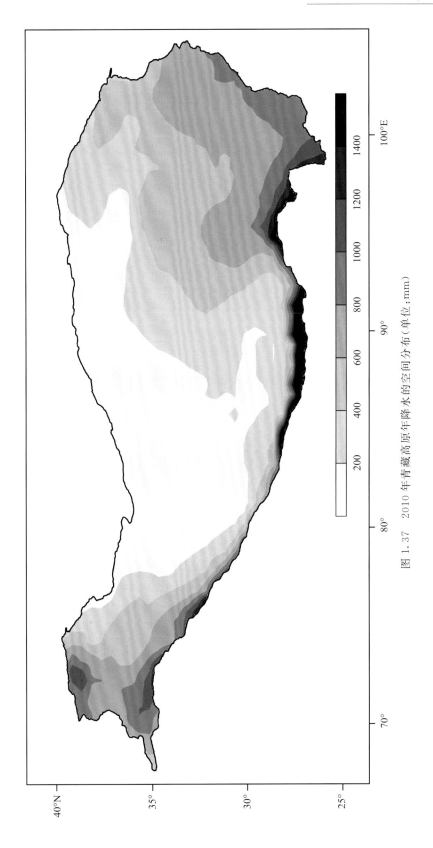

图 1.37　2010 年青藏高原年降水的空间分布（单位：mm）

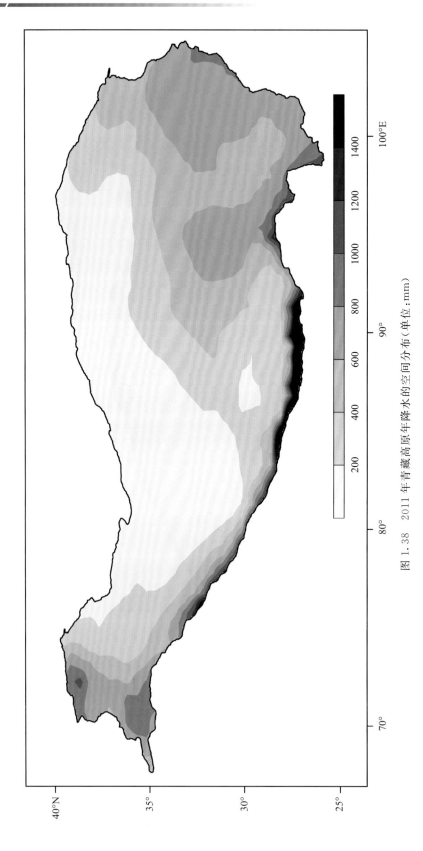

图 1.38　2011 年青藏高原年降水的空间分布（单位：mm）

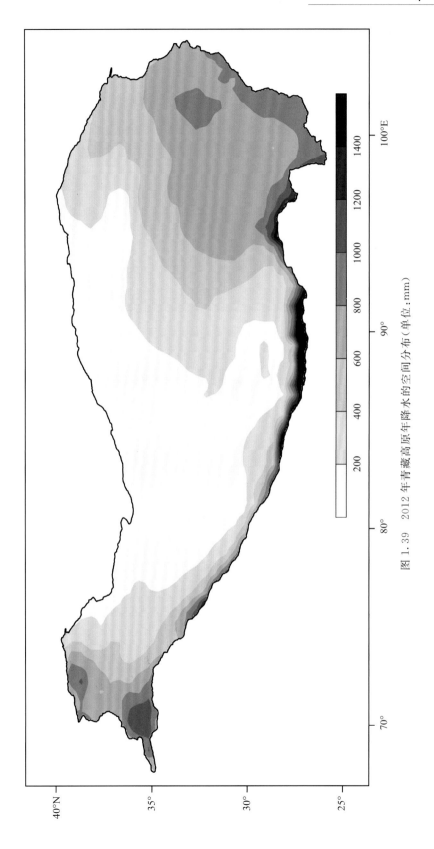

图 1.39 2012 年青藏高原年降水的空间分布（单位：mm）

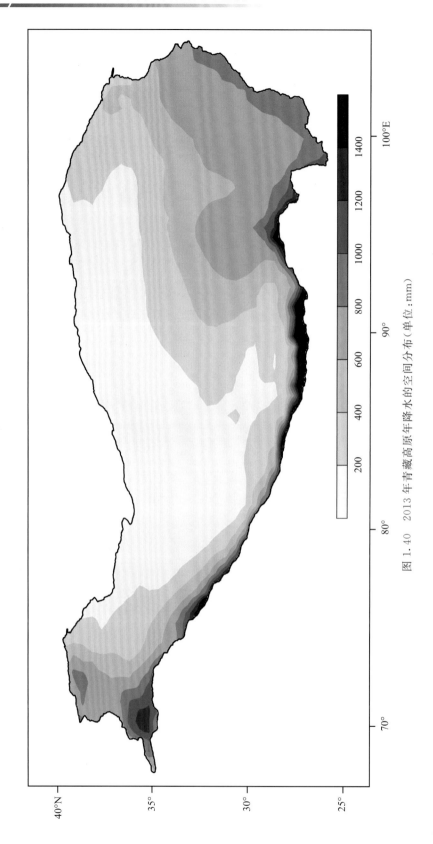

图 1.40　2013 年青藏高原年降水的空间分布（单位：mm）

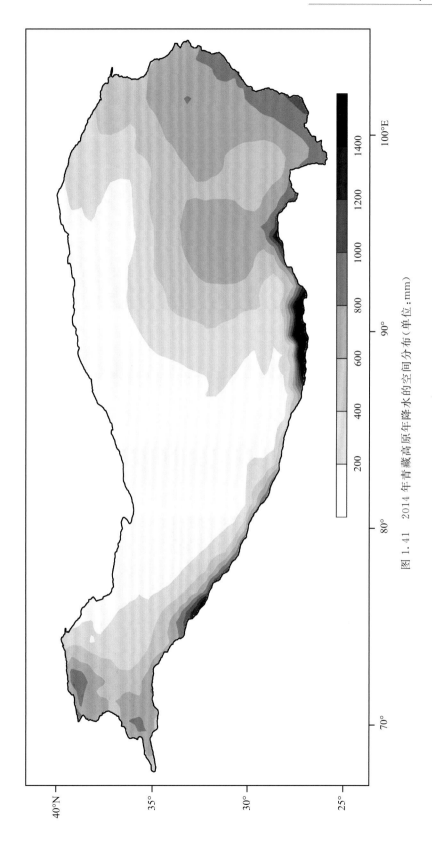

图 1.41　2014 年青藏高原年降水的空间分布（单位：mm）

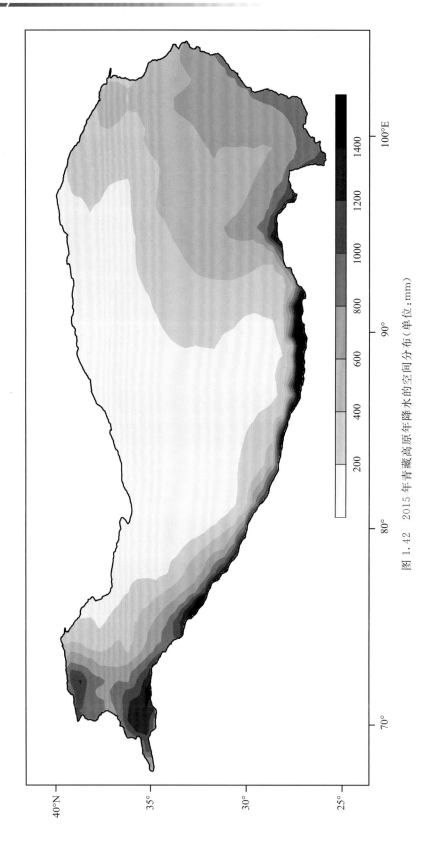

图 1.42 2015 年青藏高原年降水的空间分布（单位：mm）

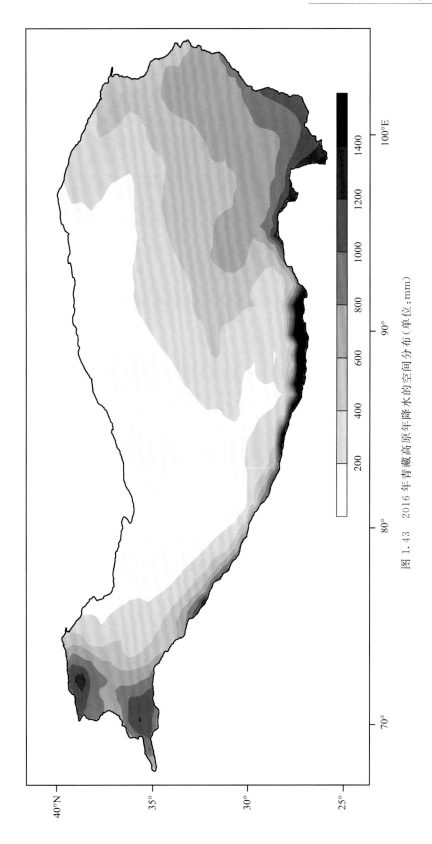

图 1.43　2016 年青藏高原年降水的空间分布（单位：mm）

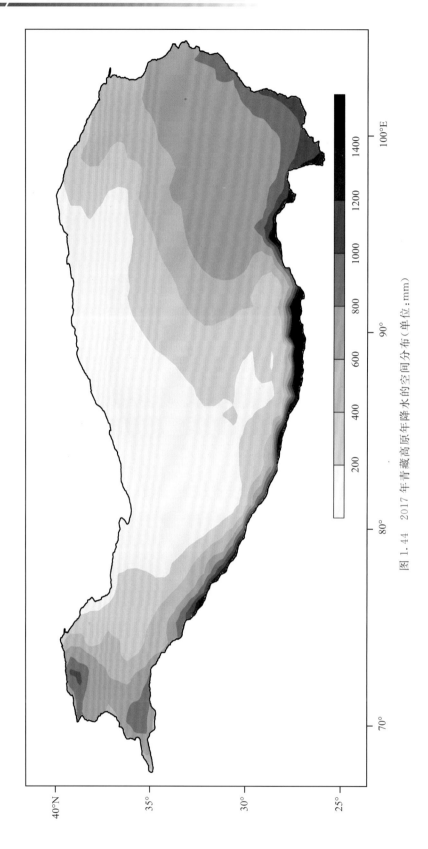

图 1.44　2017 年青藏高原年降水的空间分布（单位：mm）

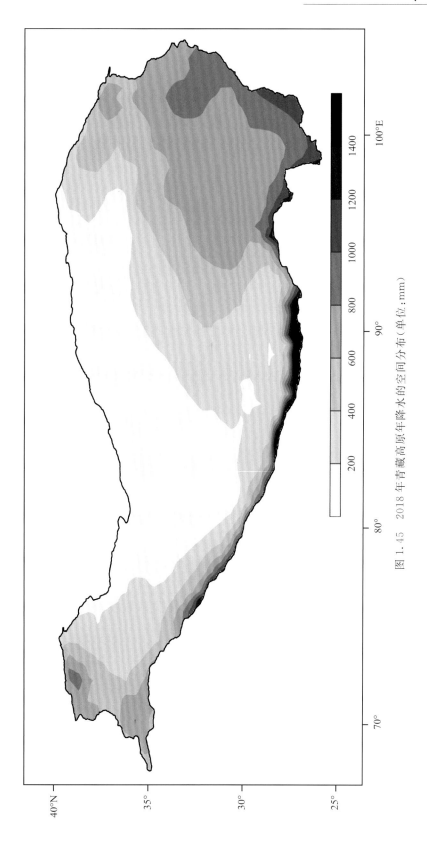

图 1.45　2018 年青藏高原年降水的空间分布（单位：mm）

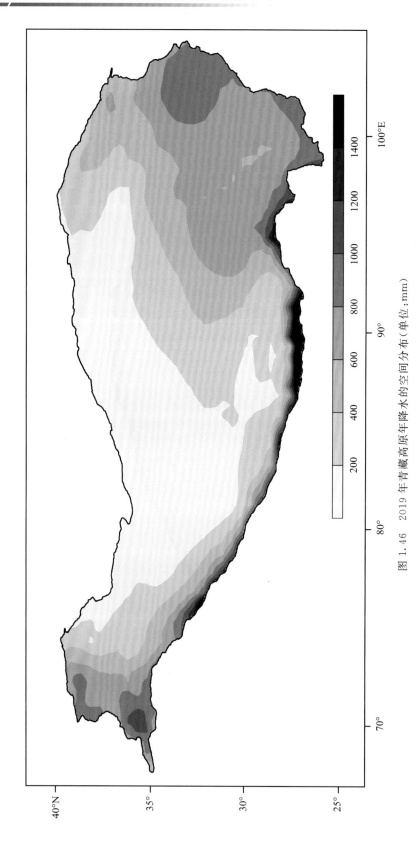

图 1.46　2019 年青藏高原年降水的空间分布（单位：mm）

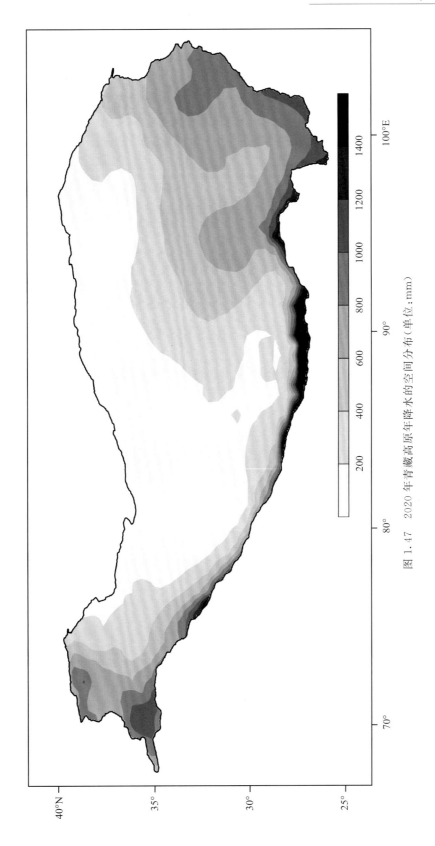

图 1.47　2020 年青藏高原年降水的空间分布（单位：mm）

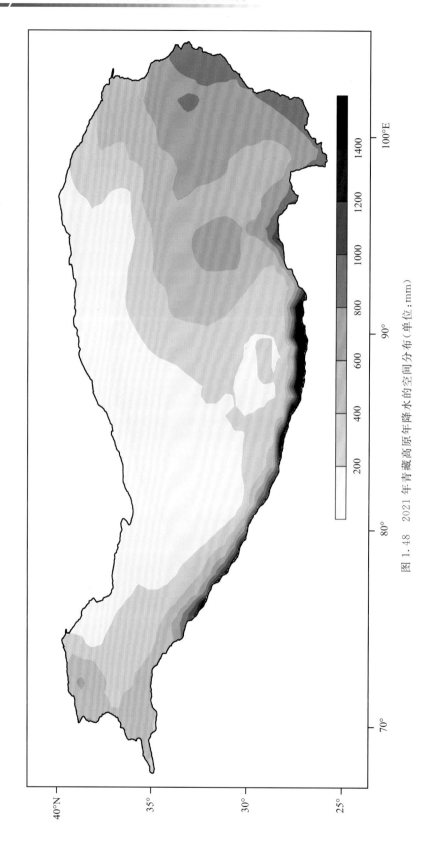

图 1.48　2021 年青藏高原年降水的空间分布（单位：mm）

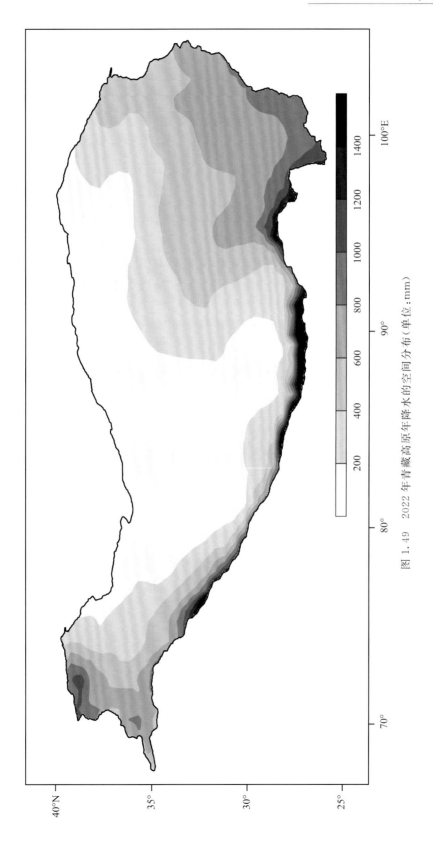

图 1.49 2022 年青藏高原年降水的空间分布（单位：mm）

二、植被环境

本图集在遵循植物群落学与生态学原则的前提下,将青藏高原植被类型分为 16 类,包括常绿阔叶林、常绿针叶林、针阔混交林、落叶阔叶林、落叶针叶林、灌丛、高寒灌丛草甸、高寒草甸、高寒草原、高山植被、高寒荒漠、栽培植被、湿地、水体、无植被区和冰川积雪(表 2.1)。通过植被环境动态监测方法,制作青藏高原 2000—2022 年的逐年植被地理分布数据,用于植被环境监测(图 2.1~图 2.23)。

表 2.1　青藏高原植被环境分类体系

类型	定义	颜色
常绿阔叶林	由常绿阔叶树种组成的森林群落	
常绿针叶林	由常绿针叶树种组成的森林群落	
针阔混交林	由针叶树种和阔叶树种共同组成的森林类型	
落叶阔叶林	由冬季落叶、夏季生长的阔叶树种组成的森林群落	
落叶针叶林	由冬季落叶、夏季生长的针叶树种组成的森林群落	
灌丛	由一切以灌木占优势所组成的植被群落	
高寒灌丛草甸	由适应低温、风大、干燥、高寒气候的灌丛与高寒草甸构成的植被群落	
高寒草甸	由适应寒冷的草本植物为优势组成的植物群落	
高寒草原	由生长季节短、生物量低且具有高寒特点的草原组成的植物群落	
高山植被	指森林线或灌丛带以上到常年积雪带下限之间的、由适冰雪与耐寒的植物成分组成的群落所构成的植被	
高寒荒漠	由耐寒耐旱的垫状小半灌木组成的荒漠	
栽培植被	指人工栽培所形成的植物群落	
湿地	由水、裸露的土壤和草本或树木组成的植被群落	
水体	全年均被水覆盖的区域	
无植被区	自然存在的土壤、沙子或岩石组成的区域	
冰川积雪	全年均由冰和积雪覆盖的区域	

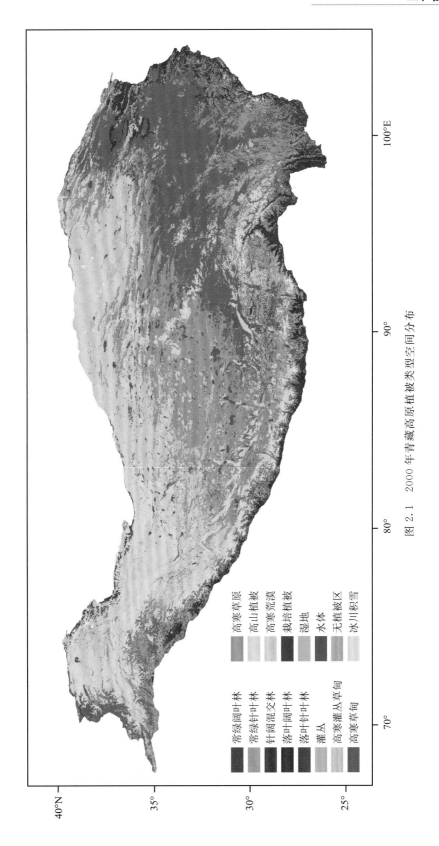

常绿阔叶林
常绿针叶林
针阔混交林
落叶阔叶林
落叶针叶林
灌丛
高寒灌丛草甸
高寒草甸

高寒草原
高山植被
高寒荒漠
栽培植被
湿地
水体
无植被区
冰川和雪

图 2.1 2000 年青藏高原植被类型空间分布

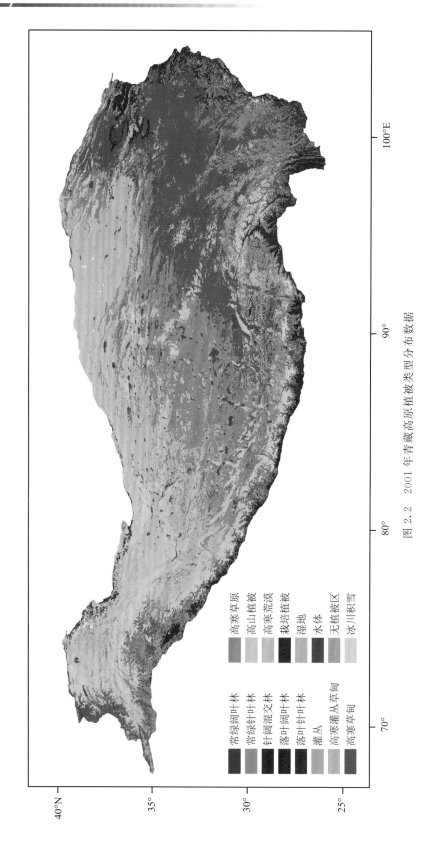

图 2.2 2001 年青藏高原植被类型分布数据

常绿阔叶林
常绿针叶林
针阔混交林
落叶阔叶林
落叶针叶林
灌丛
高寒灌丛草甸
高寒草甸

高寒草原
高山植被
高寒荒漠
栽培植被
湿地
水体
无植被区
冰川积雪

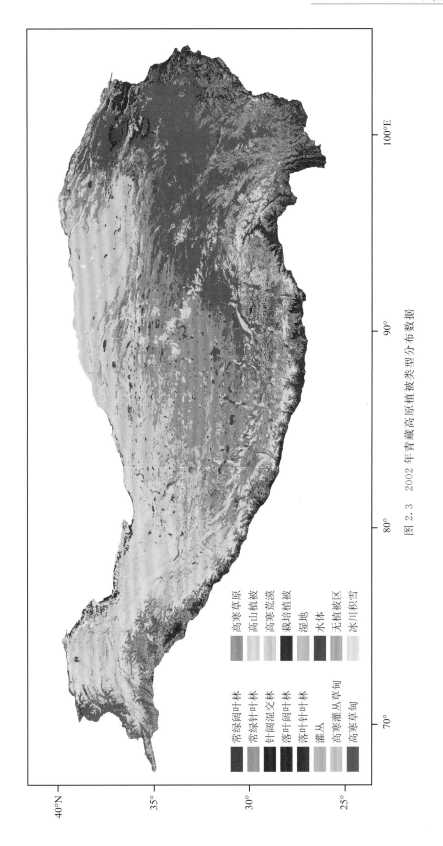

图 2.3 2002 年青藏高原植被类型分布数据

常绿阔叶林
常绿针叶林
针阔混交林
落叶阔叶林
落叶针叶林
灌丛
高寒灌丛草甸
高寒草甸

高寒草原
高山植被
高寒荒漠
栽培植被
湿地
水体
无植被区
冰川积雪

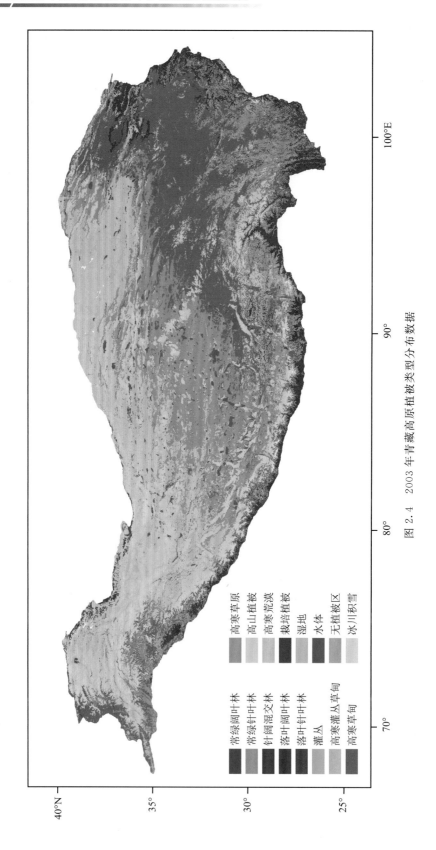

图 2.4 2003 年青藏高原植被类型分布数据

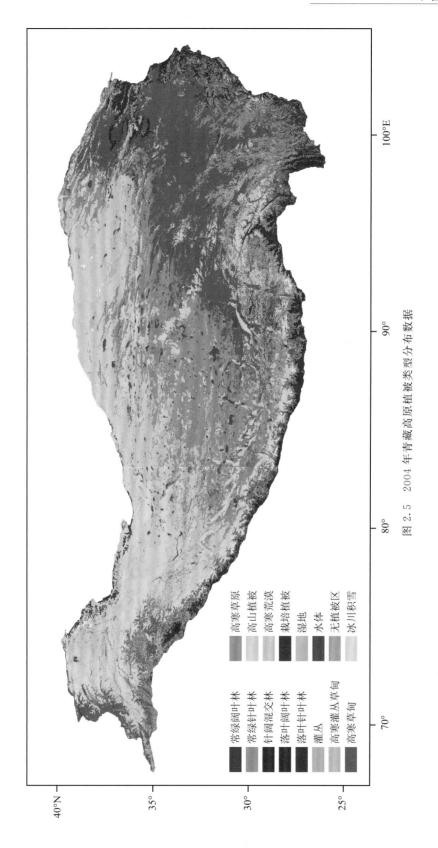

图 2.5 2004 年青藏高原植被类型分布数据

常绿阔叶林
常绿针叶林
针阔混交林
落叶阔叶林
落叶针叶林
灌丛
高寒灌丛草甸
高寒草甸

高寒草原
高山植被
高寒荒漠
栽培植被
湿地
水体
无植被区
冰川积雪

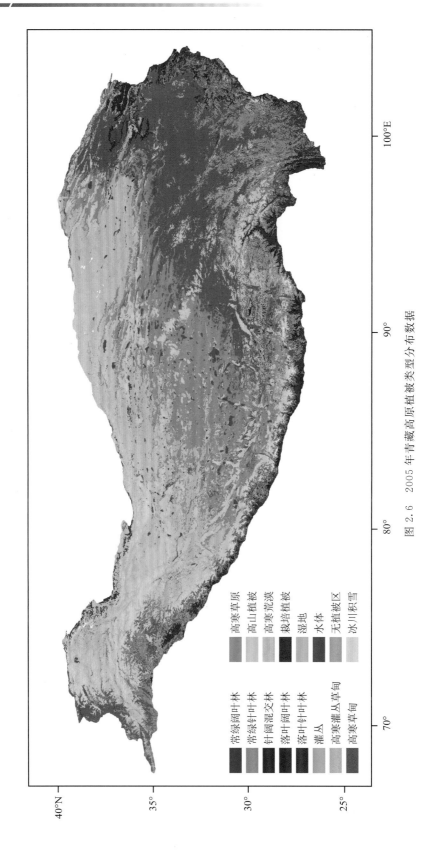

图 2.6 2005 年青藏高原植被类型分布数据

常绿阔叶林　　　　高寒草原
常绿针叶林　　　　高山植被
针阔混交林　　　　高寒荒漠
落叶阔叶林　　　　栽培植被
落叶针叶林　　　　湿地
灌丛　　　　　　　水体
高寒灌丛草甸　　　无植被区
高寒草甸　　　　　冰川积雪

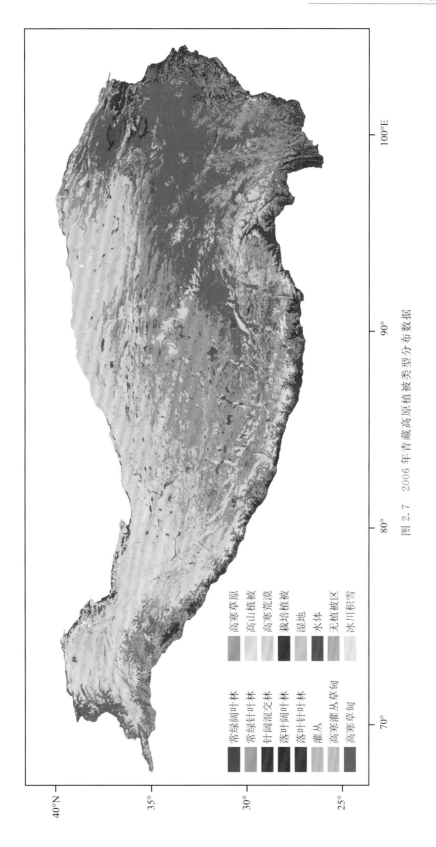

图 2.7 2006 年青藏高原植被类型分布数据

常绿阔叶林
常绿针叶林
针阔混交林
落叶阔叶林
落叶针叶林
灌丛
高寒灌丛草甸
高寒草甸

高寒草原
高山植被
高寒荒漠
栽培植被
湿地
水体
无植被区
冰川积雪

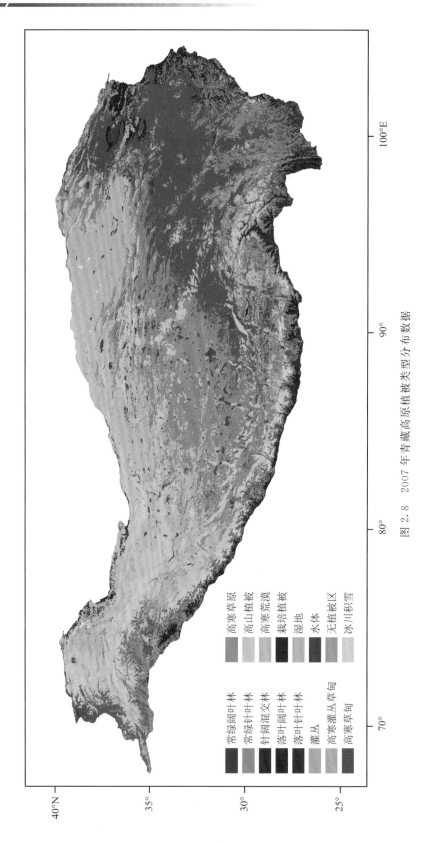

图 2.8 2007 年青藏高原植被类型分布数据

常绿阔叶林
常绿针叶林
针阔混交林
落叶阔叶林
落叶针叶林
灌丛
高寒灌丛草甸
高寒草甸

高寒草原
高山植被
高寒荒漠
栽培植被
湿地
水体
无植被区
冰川积雪

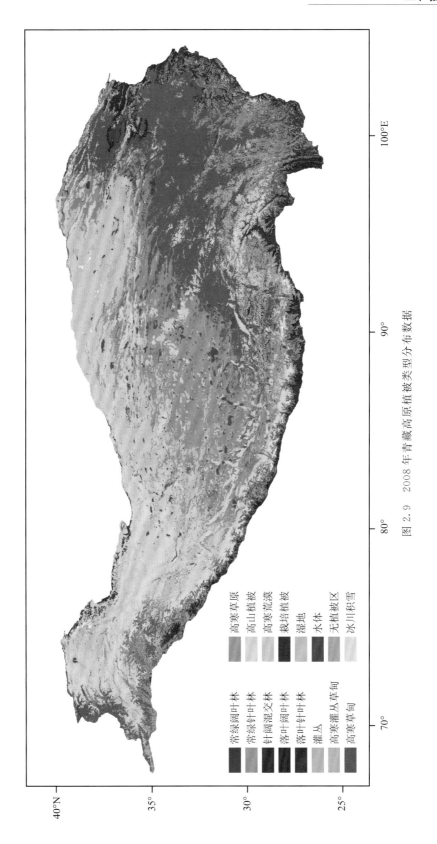

图 2.9 2008 年青藏高原植被类型分布数据

常绿阔叶林
常绿针叶林
针阔混交林
落叶阔叶林
落叶针叶林
灌丛
高寒灌丛草甸
高寒草甸

高寒草原
高山植被
高寒荒漠
栽培植被
湿地
水体
无植被区
冰川积雪

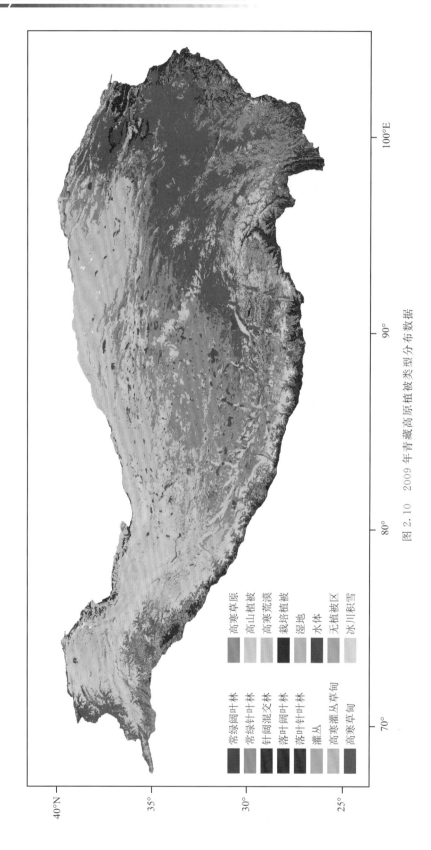

图 2.10 2009 年青藏高原植被类型分布数据

常绿阔叶林
常绿针叶林
针阔混交林
落叶阔叶林
落叶针叶林
灌丛
高寒灌丛草甸
高寒草甸

高寒草原
高山植被
高寒荒漠
栽培植被
湿地
水体
无植被区
冰川积雪

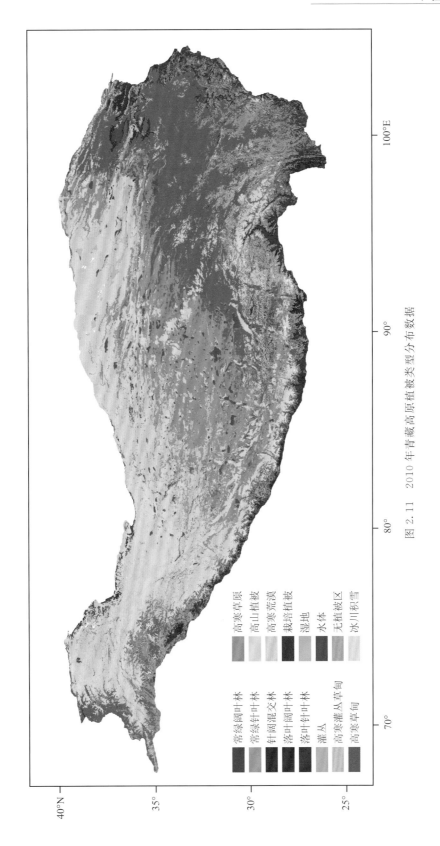

图 2.11 2010 年青藏高原植被类型分布数据

常绿阔叶林　常绿针叶林　针阔混交林　落叶阔叶林　落叶针叶林　灌丛　高寒灌丛草甸　高寒草甸

高寒草原　高山植被　高寒荒漠　栽培植被　湿地　水体　无植被区　冰川积雪

40°N　35°　30°　25°

70°　80°　90°　100°E

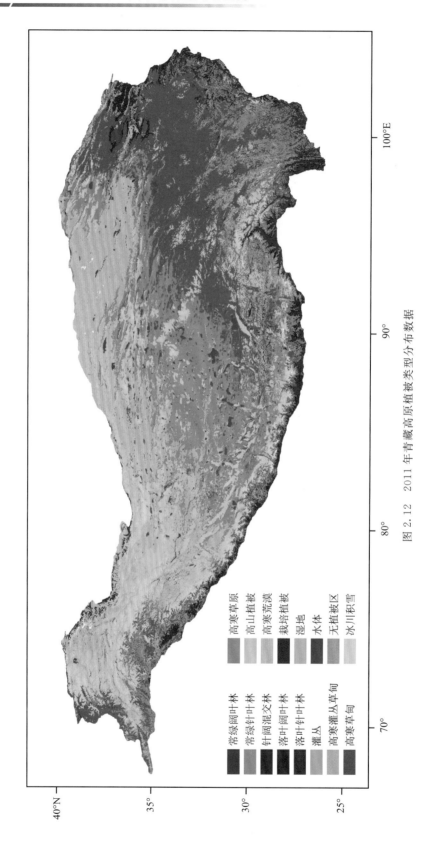

图 2.12 2011 年青藏高原植被类型分布数据

常绿阔叶林　常绿针叶林　针阔混交林　落叶阔叶林　落叶针叶林　灌丛　高寒灌丛草甸　高寒草甸

高寒草原　高山植被　高寒荒漠　栽培植被　湿地　水体　无植被区　冰川积雪

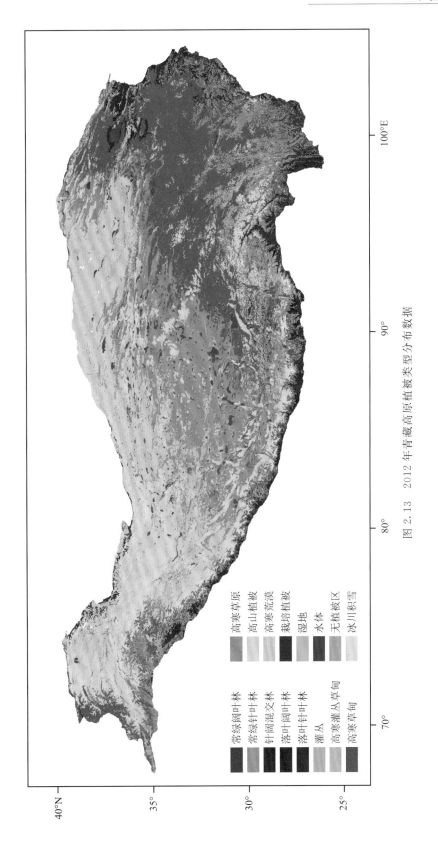

图 2.13 2012 年青藏高原植被类型分布数据

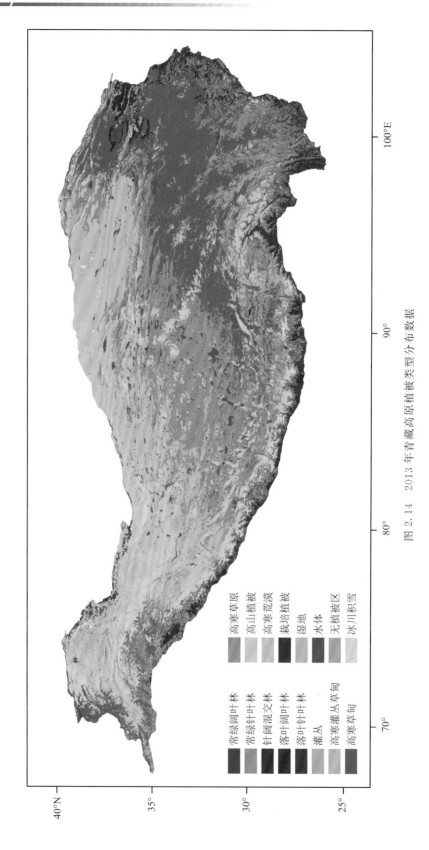

图 2.14　2013 年青藏高原植被类型分布数据

常绿阔叶林
常绿针叶林
针阔混交林
落叶阔叶林
落叶针叶林
灌丛
高寒灌丛草甸
高寒草甸

高寒草原
高山植被
高寒荒漠
栽培植被
湿地
水体
无植被区
冰川积雪

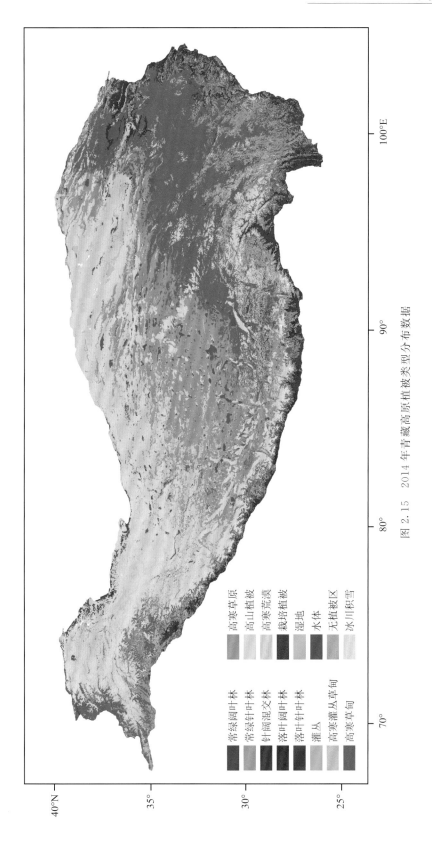

常绿阔叶林
常绿针叶林
针阔混交林
落叶阔叶林
落叶针叶林
灌丛
高寒灌丛草甸
高寒草甸

高寒草原
高山植被
高寒荒漠
栽培植被
湿地
水体
无植被区
冰川积雪

图 2.15 2014 年青藏高原植被类型分布数据

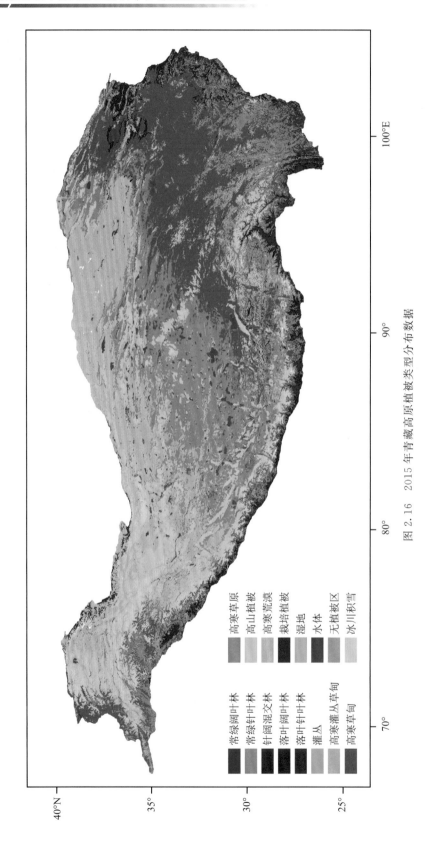

常绿阔叶林　　高寒草原
常绿针叶林　　高山植被
针阔混交林　　高寒荒漠
落叶阔叶林　　栽培植被
落叶针叶林　　湿地
灌丛　　　　　水体
高寒灌丛草甸　无植被区
高寒草甸　　　冰川积雪

图 2.16　2015 年青藏高原植被类型分布数据

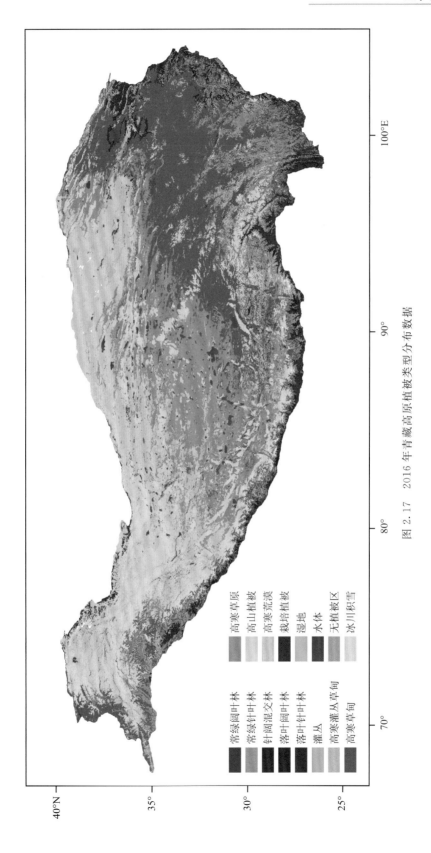

常绿阔叶林　　高寒草原
常绿针叶林　　高山植被
针阔混交林　　高寒荒漠
落叶阔叶林　　栽培植被
落叶针叶林　　湿地
灌丛　　　　　水体
高寒灌丛草甸　无植被区
高寒草甸　　　冰川积雪

图 2.17　2016 年青藏高原植被类型分布数据

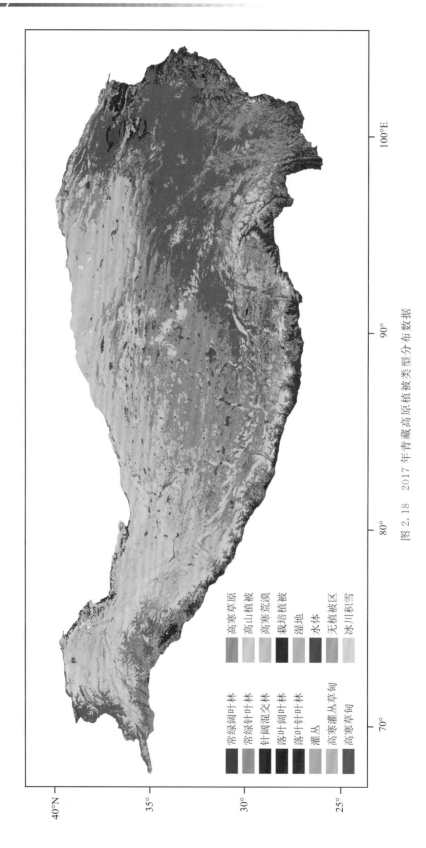

图 2.18 2017 年青藏高原植被类型分布数据

常绿阔叶林　高寒草原
常绿针叶林　高山植被
针阔混交林　高寒荒漠
落叶阔叶林　栽培植被
落叶针叶林　湿地
灌丛　　　　水体
高寒灌丛草甸　无植被区
高寒草甸　　冰川积雪

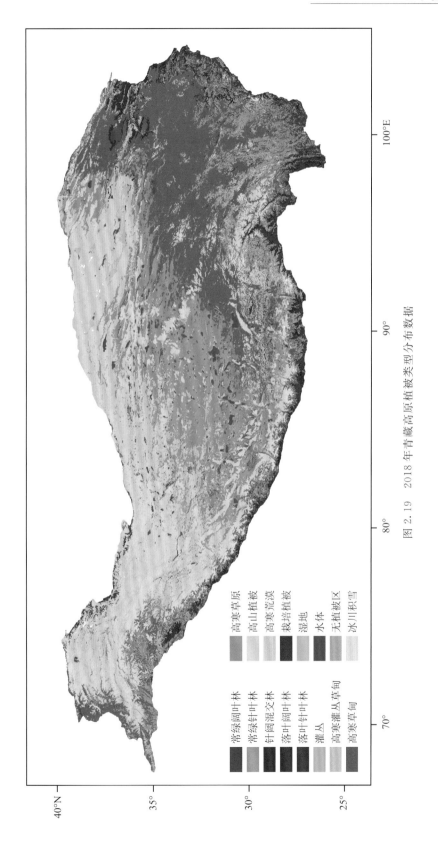

图 2.19　2018 年青藏高原植被类型分布数据

常绿阔叶林　常绿针叶林　针阔混交林　落叶阔叶林　落叶针叶林　灌丛　高寒灌丛草甸　高寒草甸

高寒草原　高山植被　高寒荒漠　栽培植被　湿地　水体　无植被区　冰川积雪

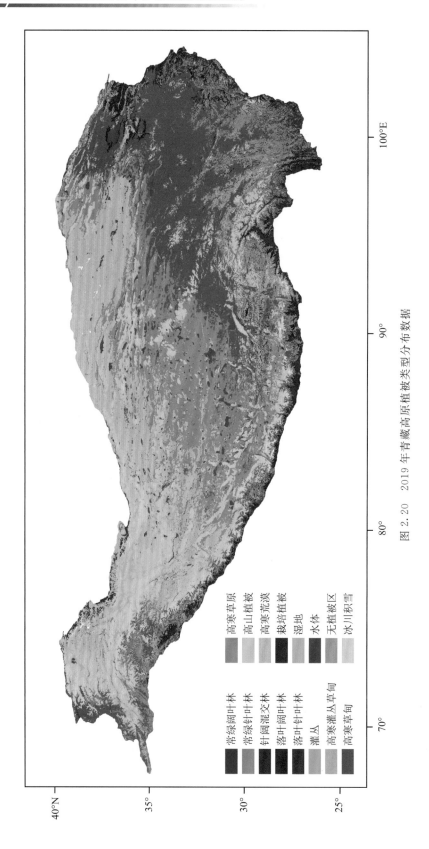

图 2.20 2019 年青藏高原植被类型分布数据

常绿阔叶林
常绿针叶林
针阔混交林
落叶阔叶林
落叶针叶林
灌丛
高寒灌丛草甸
高寒草甸

高寒草原
高山植被
高寒荒漠
栽培植被
湿地
水体
无植被区
冰川积雪

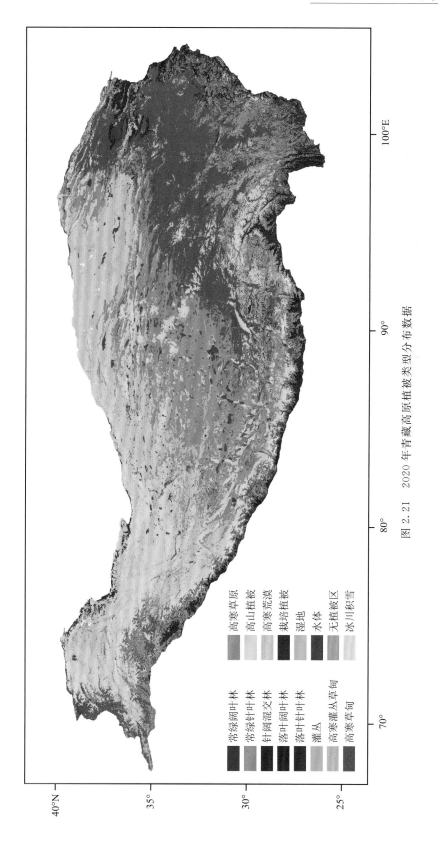

图 2.21　2020 年青藏高原植被类型分布数据

常绿阔叶林
常绿针叶林
针阔混交林
落叶阔叶林
落叶针叶林
灌丛
高寒灌丛草甸
高寒草甸

高寒草原
高山植被
高寒荒漠
栽培植被
湿地
水体
无植被区
冰川积雪

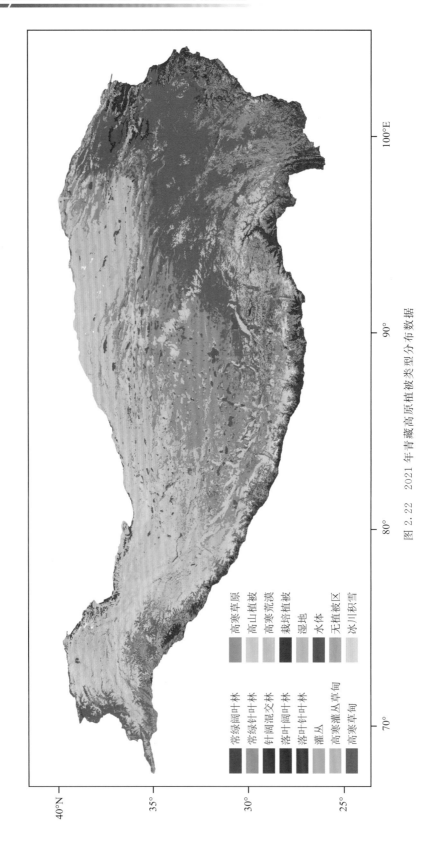

图 2.22　2021 年青藏高原植被类型分布数据

常绿阔叶林
常绿针叶林
针阔混交林
落叶阔叶林
落叶针叶林
灌丛
高寒灌丛草甸
高寒草甸

高寒草原
高山植被
高寒荒漠
栽培植被
湿地
水体
无植被区
冰川积雪

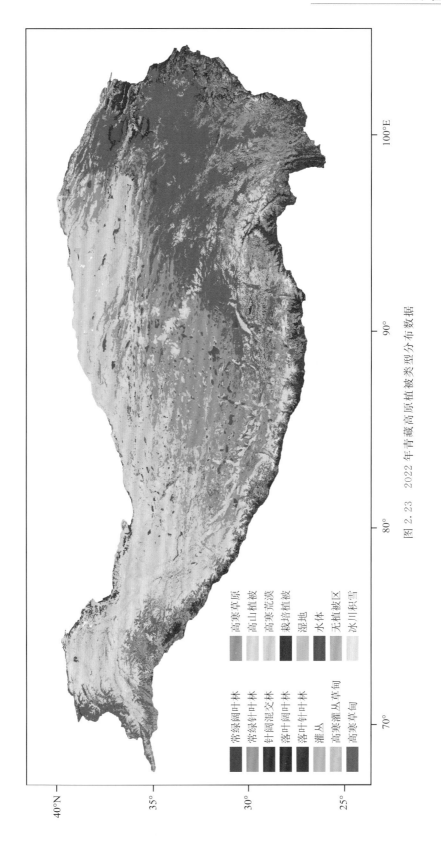

图 2.23 2022 年青藏高原植被类型分布数据

常绿阔叶林
常绿针叶林
针阔混交林
落叶阔叶林
落叶针叶林
灌丛
高寒灌丛草甸
高寒草甸

高寒草原
高山植被
高寒荒漠
栽培植被
湿地
水体
无植被区
冰川积雪

三、常绿阔叶林

常绿阔叶林是指由常绿阔叶树种组成的森林群落,在青藏高原分布面积约 77906.11～77990.45 km²,大多分布于青藏高原东南部横断山脉及南部喜马拉雅山脉南麓。

2000—2022 年,青藏高原常绿阔叶林的面积总体呈稳定趋势。2000 年的面积为77990.34 km²,而 2022 年则减少到 77911.00 km²,总共减少 79.34 km²,减少幅度约为0.10%。

2000 年的面积最大,为 77990.34 km²,而 2013 年面积最小,为 77906.11km²。2000—2004 年,常绿阔叶林面积虽然有所波动但基本维持在较高水平。2005 年开始面积明显下降,到 2013 年达到最低点。自 2014 年起,常绿阔叶林面积趋于稳定且波动较小,维持在77907.11～77911.11 km²(图 3.1～图 3.6)。

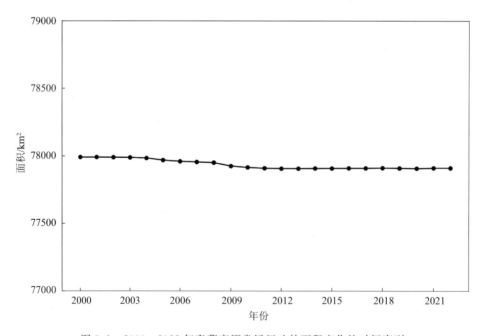

图 3.1　2000—2022 年青藏高原常绿阔叶林面积变化的时间序列

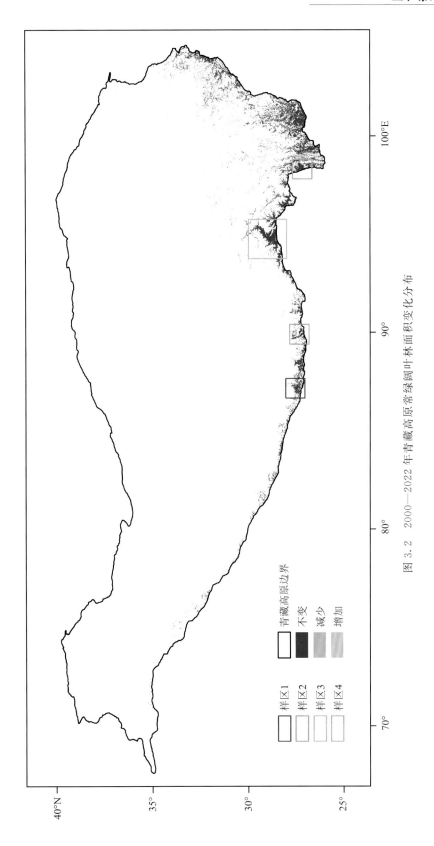

图 3.2 2000—2022 年青藏高原常绿阔叶林面积变化分布

青藏高原边界
不变
减少
增加

样区1
样区2
样区3
样区4

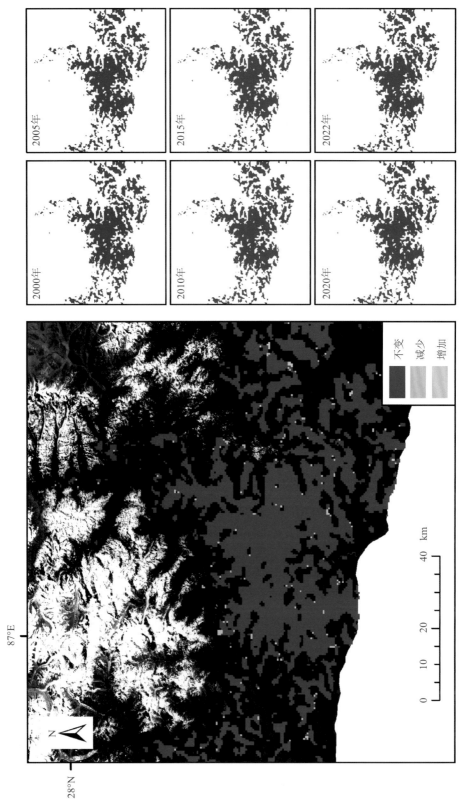

图 3.3　2000—2022 年青藏高原常绿阔叶林面积变化分布（样区 1）

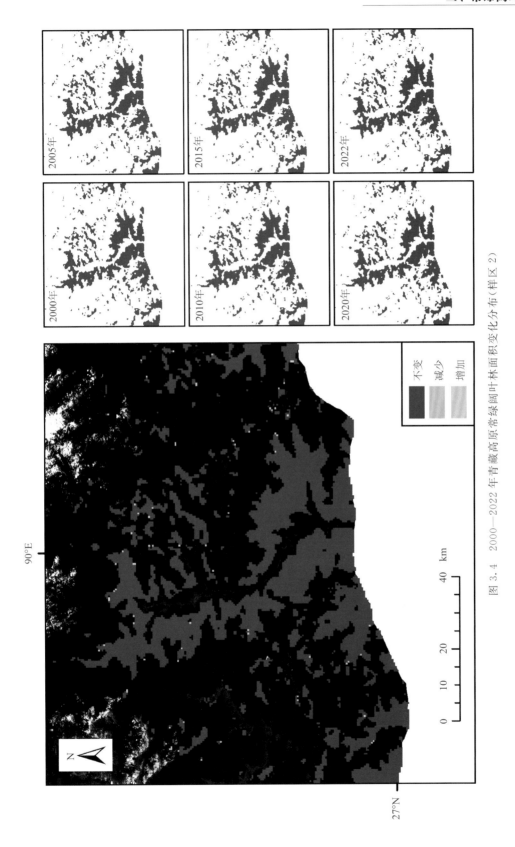

图 3.4 2000—2022 年青藏高原常绿阔叶林面积变化分布（样区 2）

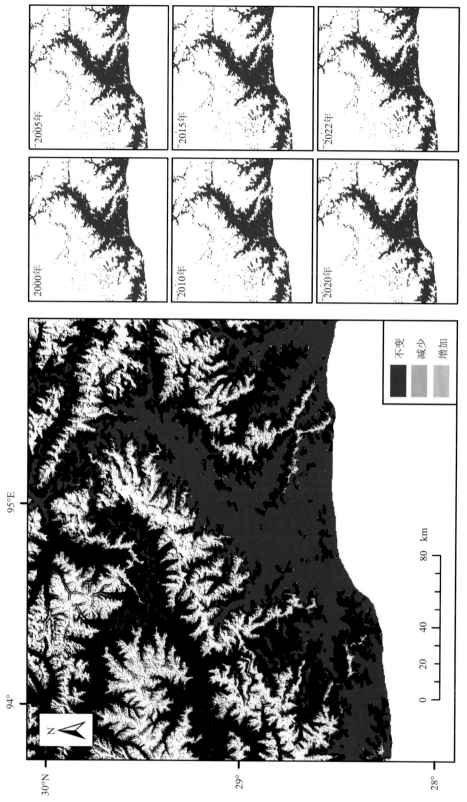

图 3.5　2000—2022 年青藏高原常绿阔叶林面积变化分布（样区 3）

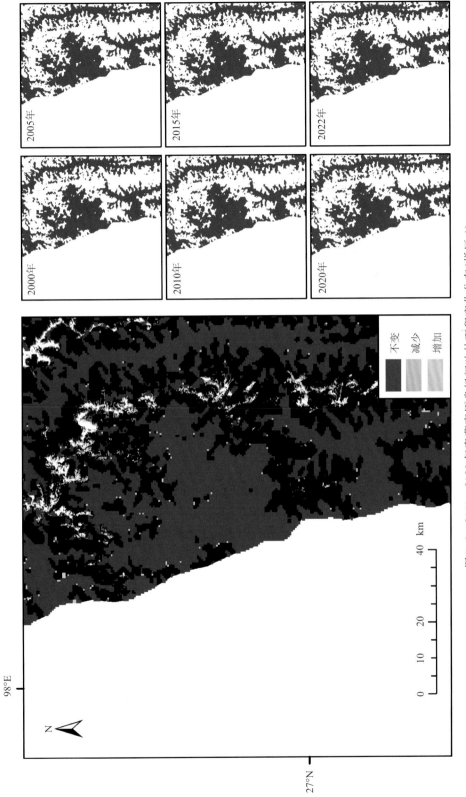

图 3.6 2000—2022 年青藏高原常绿阔叶林面积变化分布（样区 4）

四、常绿针叶林

常绿针叶林是由常绿针叶树种组成的森林群落,在青藏高原分布面积约 153622.00～154050.00 km^2,大多分布于横断山脉北麓四川地区及青藏高原西北部印度河流域附近。

2000—2022 年,青藏高原常绿针叶林的面积总体上呈轻微减少的趋势。2000 年的面积为 154050.06 km^2,而 2022 年则减少到 153621.98 km^2,总共减少 428.08 km^2,减少幅度约为 0.28%。

2000—2008 年,常绿阔叶林的面积下降较为明显,从 2000 年的 154050.06 km^2 下降到 2008 年的 153673.15 km^2,下降约 376.91 km^2。2008—2018 年,常绿阔叶林的面积变化趋于平稳,10 年间仅减少 33.43 km^2。从 2018 年开始,常绿阔叶林的面积继续减少,但下降速度有所减缓,4 年间减少 17.74 km^2。(图 4.1～图 4.6)。

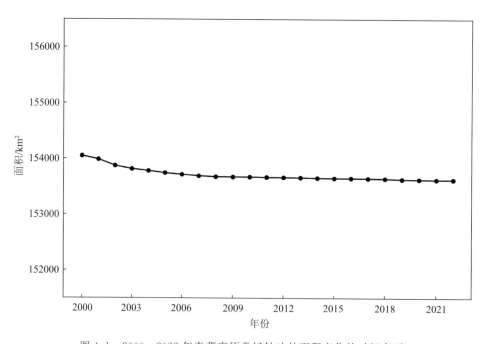

图 4.1　2000—2022 年青藏高原常绿针叶林面积变化的时间序列

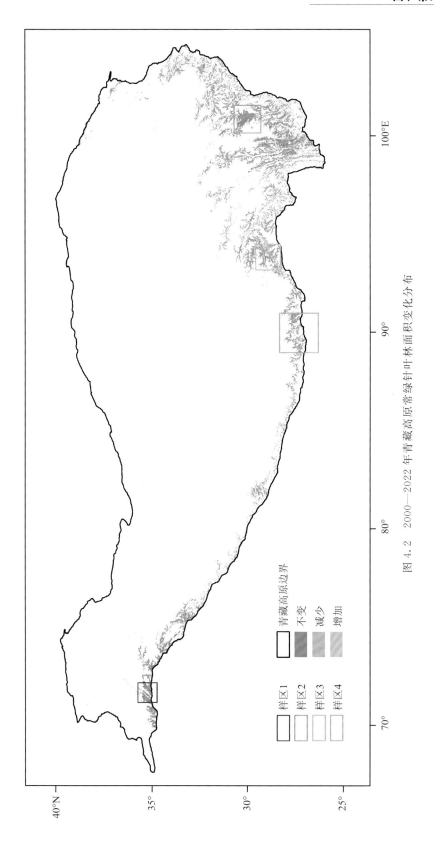

图 4.2　2000—2022 年青藏高原常绿针叶林面积变化分布

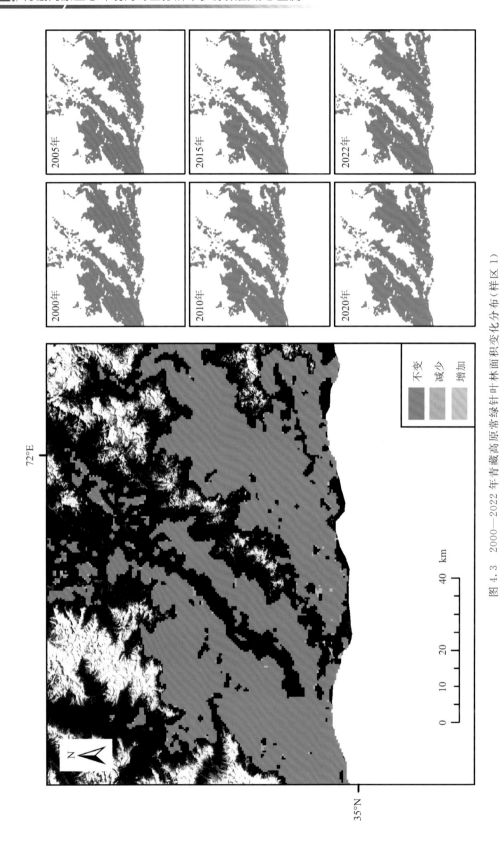

图 4.3　2000—2022 年青藏高原常绿针叶林面积变化分布（样区 1）

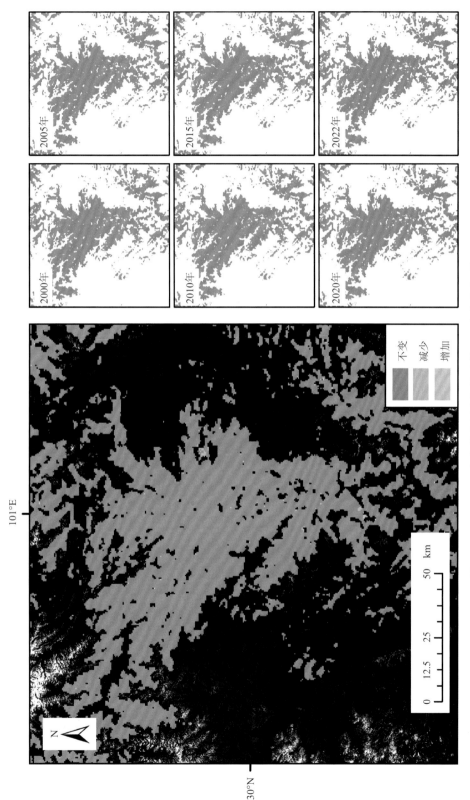

图 4.4 2000—2022 年青藏高原常绿针叶林面积变化分布（样区 2）

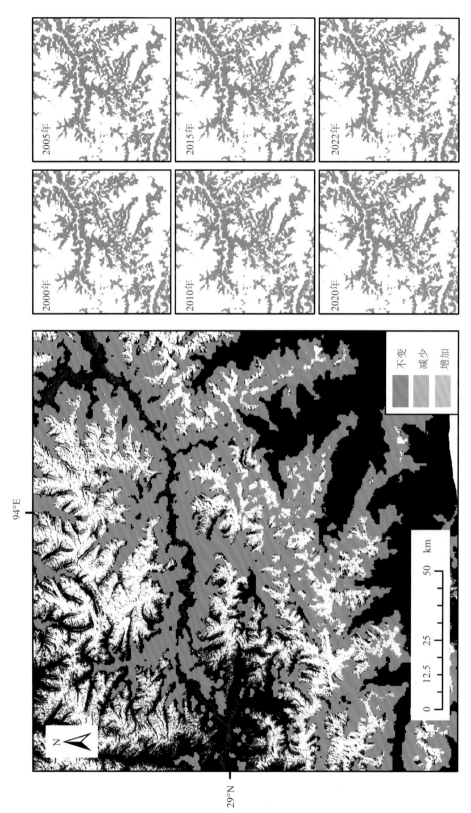

图 4.5 2000—2022 年青藏高原常绿针叶林面积变化分布（样区 3）

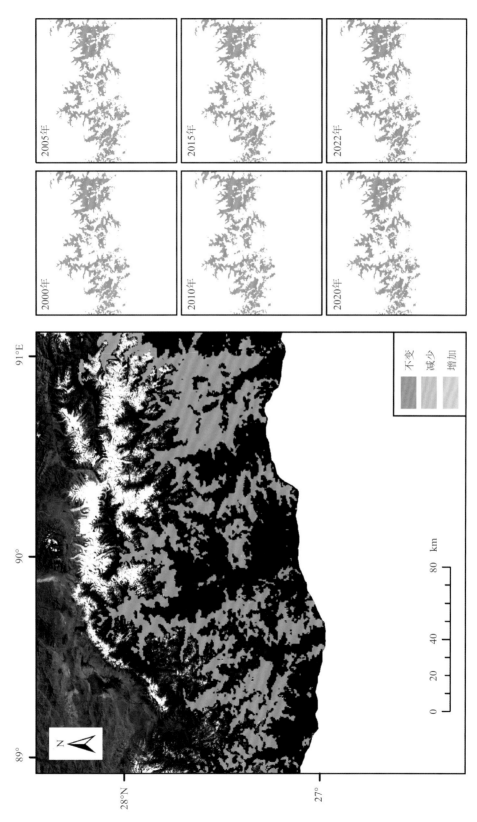

图 4.6 2000—2022 年青藏高原常绿针叶林面积变化分布（样区 4）

五、针阔混交林

　　针阔混交林是由针叶树种和阔叶树种共同组成的森林类型,在青藏高原分布面积约29301.45~29365.07 km²,大多分布于青藏高原南部喜马拉雅山脉南麓。

　　2000—2022 年,青藏高原针阔混交林的面积总体呈稳定趋势。2000 年的面积为29311.54 km²,而 2022 年的面积则增加到 29364.82 km²,共增加 53.28 km²,增长幅度约 0.18%。

　　2000—2008 年,针阔混交林的面积呈较快的增长趋势,从 29311.54 km² 增长到 29360.82 km²。2008—2011 年,针阔混交林的面积继续稳步上升,但增长速度有所减缓,从 29360.82 km² 增长到 29364.07 km²。从 2011 年开始,针阔混交林的面积保持稳定且波动较小,维持在29363.32~29365.07 km²(图 5.1~图 5.6)。

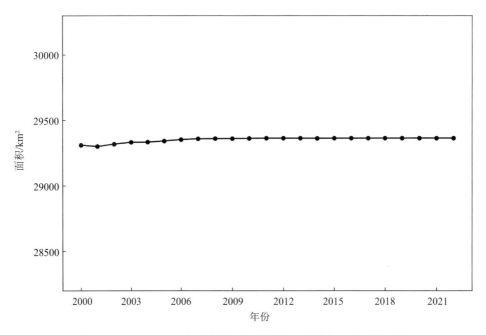

图 5.1　2000—2022 年青藏高原针阔混交林面积变化的时间序列

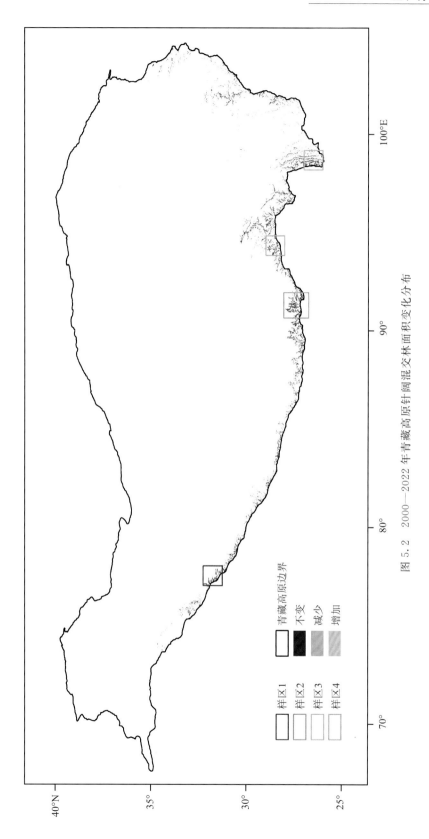

图 5. 2　2000—2022 年青藏高原针阔混交林面积变化分布

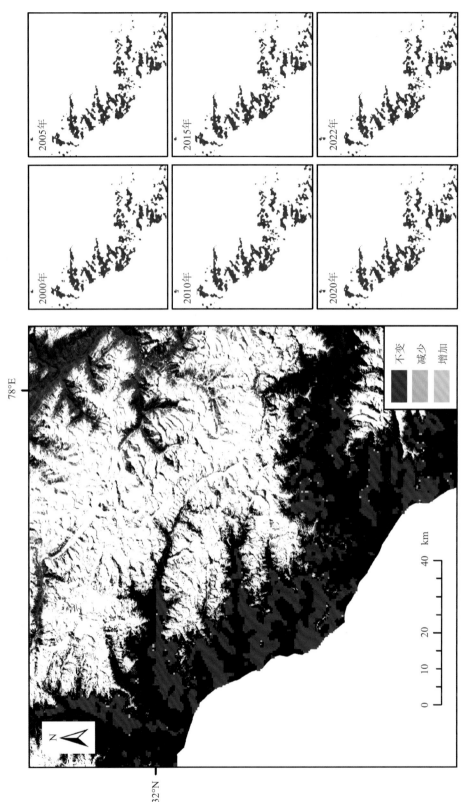

图 5.3　2000—2022 年青藏高原针阔混交林面积变化分布（样区 1）

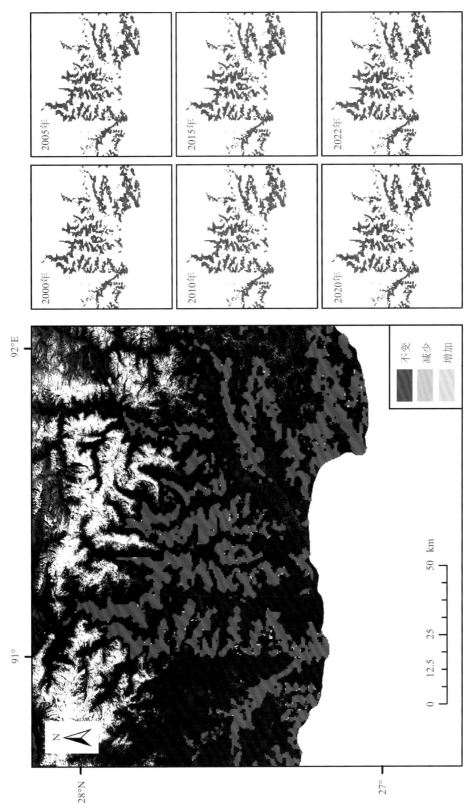

图 5. 4 2000—2022 年青藏高原针阔混交林面积变化分布（样区 2）

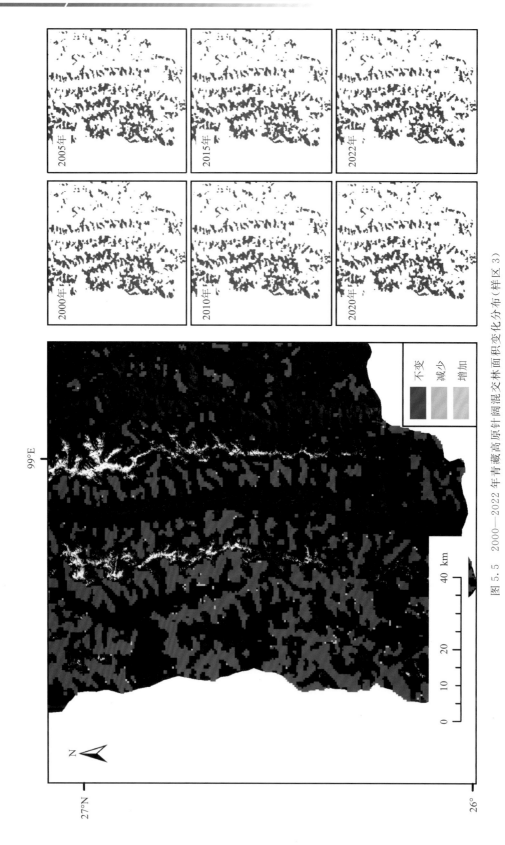

图 5.5 2000—2022 年青藏高原针阔混交林面积变化分布（样区 3）

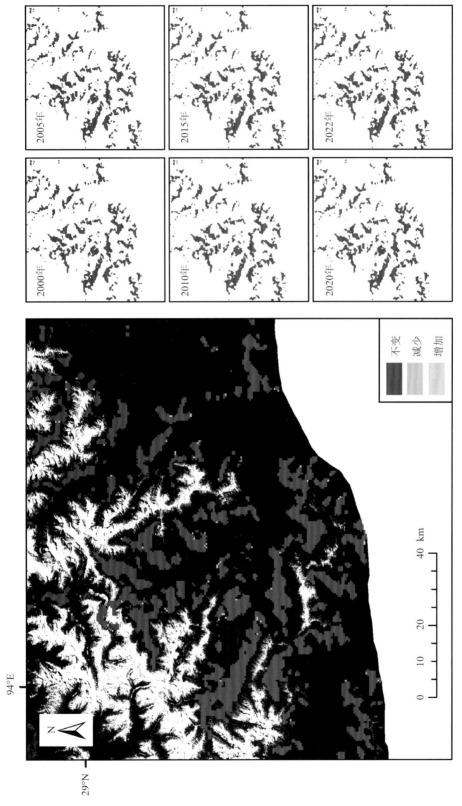

图 5.6 2000—2022 年青藏高原针阔混交林面积变化分布（样区 4）

六、落叶阔叶林

　　落叶阔叶林是由冬季落叶、夏季生长的阔叶树种组成的森林群落,在青藏高原分布面积约为 68435.36～68823.85 km²,大多分布于青藏高原东部和西南部边界。

　　2000—2022 年,青藏高原落叶阔叶林的面积总体上呈略微增加的趋势。2000 年的面积为 68436.01 km²,而 2022 年的面积则增加到 68821.37 km²,总共增加 385.36 km²,增长幅度约为 0.56%。

　　2000—2010 年,落叶阔叶林面积从 68436.01 km² 增加到 68725.78 km²,总共增加 289.77 km²。其中,2008—2009 年面积增加最大,约 58.38 km²。2010—2019 年,落叶阔叶林面积增加速度有所放缓,但总体趋势依然向上,并于 2019 年达到最大值 68823.85 km²,增长幅度约 0.14%。2019—2022 年,面积保持稳定,维持在 68820.62～68823.85 km²(图 6.1～图 6.6)。

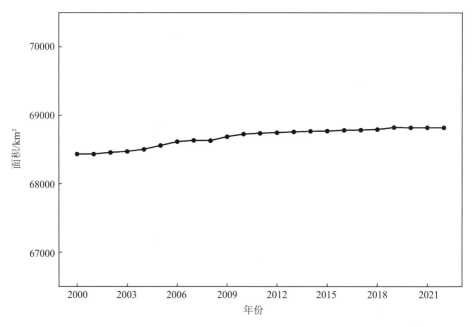

图 6.1　2000—2022 年青藏高原落叶阔叶林面积变化的时间序列

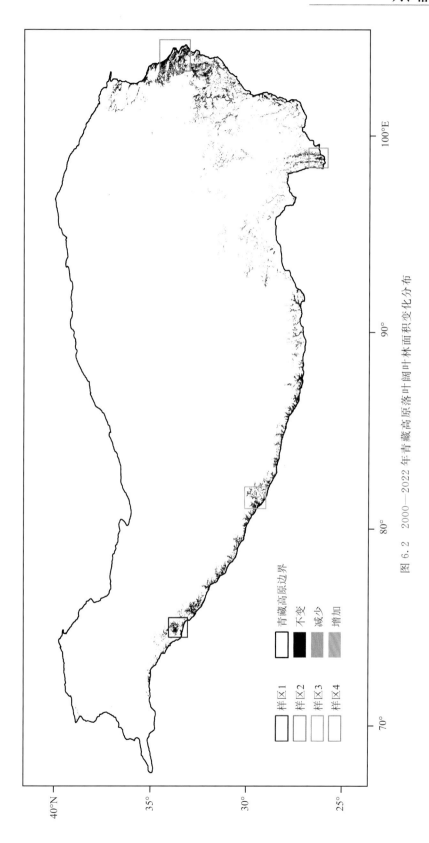

图 6.2 2000—2022 年青藏高原落叶阔叶林面积变化分布

青藏高原边界
不变
减少
增加

样区 1
样区 2
样区 3
样区 4

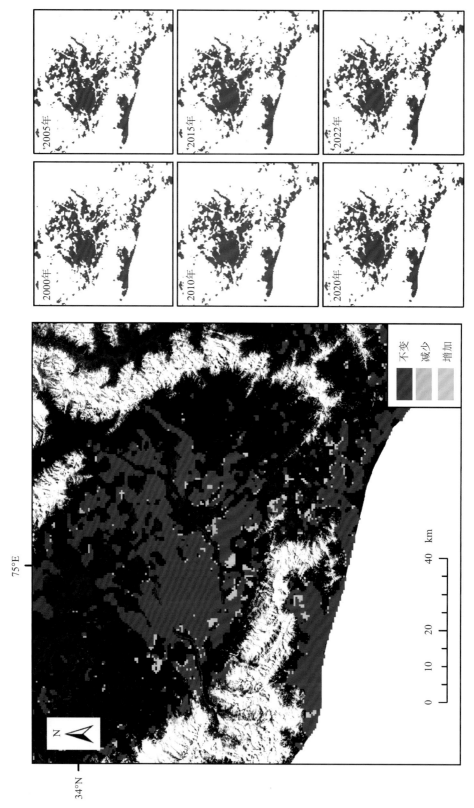

图 6.3　2000—2022 年青藏高原落叶阔叶林面积变化分布（样区 1）

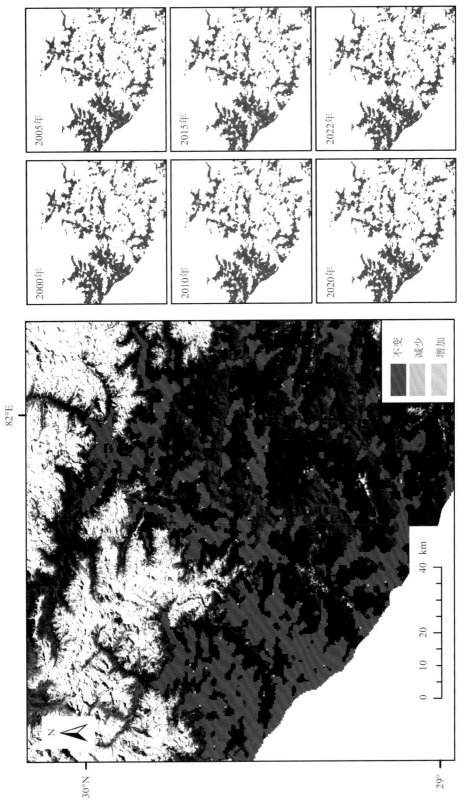

图 6.4 2000—2022 年青藏高原落叶阔叶林面积变化分布（样区 2）

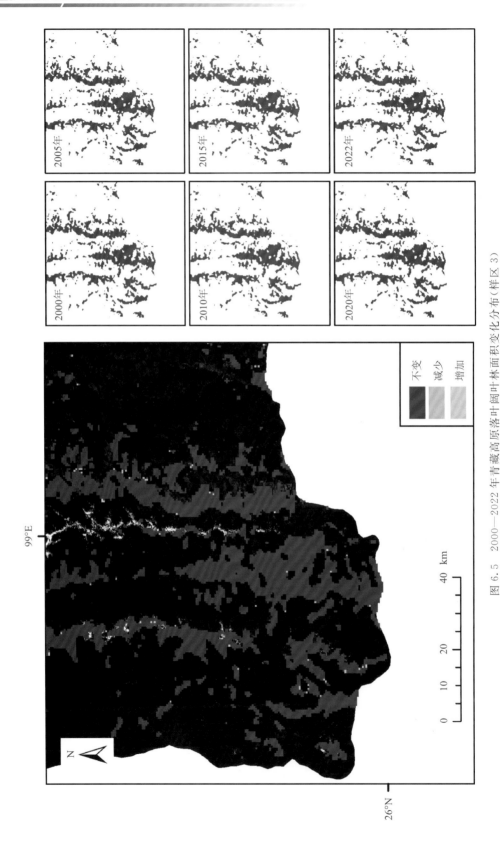

图 6.5 2000—2022 年青藏高原落叶阔叶林面积变化分布（样区 3）

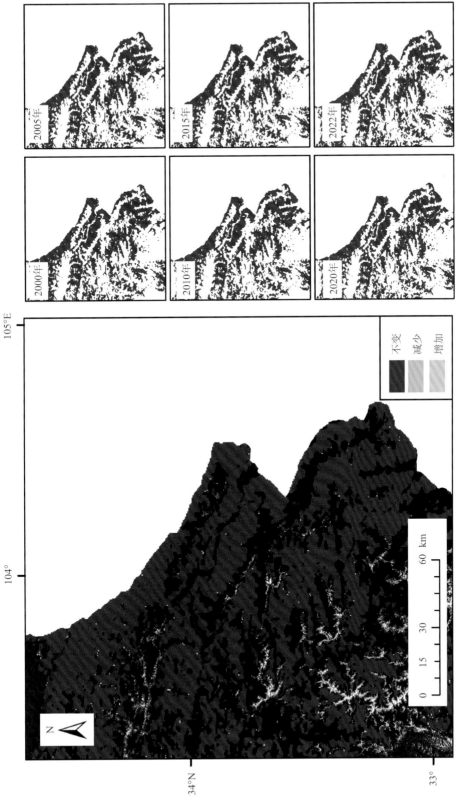

图 6.6　2000—2022 年青藏高原落叶阔叶林面积变化分布（样区 4）

七、落叶针叶林

落叶针叶林是由冬季落叶、夏季生长的针叶树种组成的森林群落,在青藏高原分布面积约为 12005.87~12052.87 km^2,大多分布于新疆维吾尔自治区北部。

2000—2022 年,青藏高原落叶针叶林的面积总体呈稳定趋势。2000 年的面积为 12034.08 km^2,而 2022 年的面积则增加到 12048.37 km^2,共增加 14.29 km^2,增长幅度约为 0.12%。

青藏高原落叶针叶林在 2003 年面积最小为 12005.87 km^2;2011 年面积最大为 12052.87 km^2。2000—2003 年落叶阔叶林面积略有减少,从 12034.08 km^2 下降到 12005.87 km^2,减少约 0.23%。自 2004 年开始,落叶阔叶林面积逐渐增加,并在 2011 年达到最大值 12052.87 km^2。而后 4 年有小幅度下降,至 2015 年减少至 12042.12 km^2。2015—2022 年,落叶阔叶林面积逐渐增加到 12048.37 km^2,呈小幅度上升趋势,幅度约为 0.05%(图 7.1~图 7.6)。

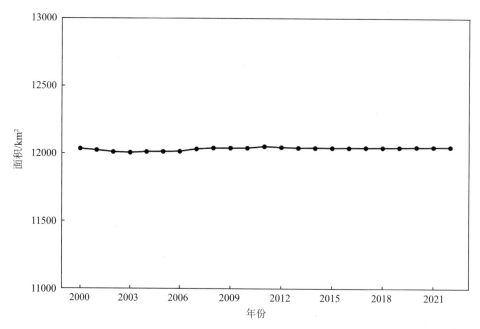

图 7.1　2000—2022 年青藏高原落叶针叶林面积变化的时间序列

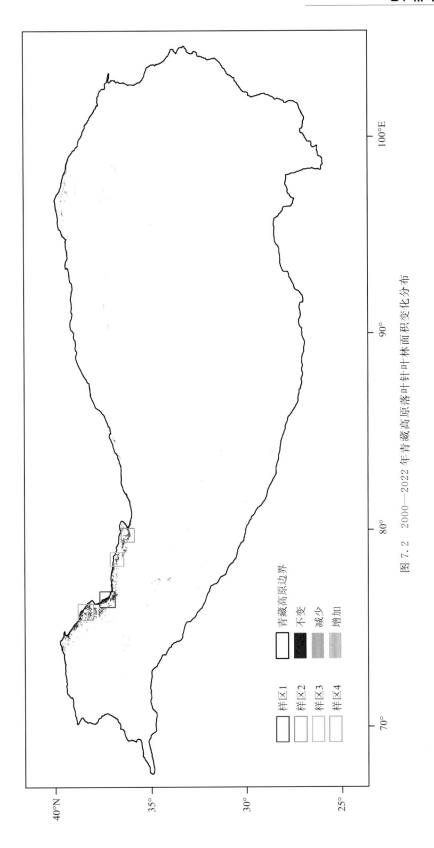

图 7.2 2000—2022 年青藏高原落叶针叶林面积变化分布

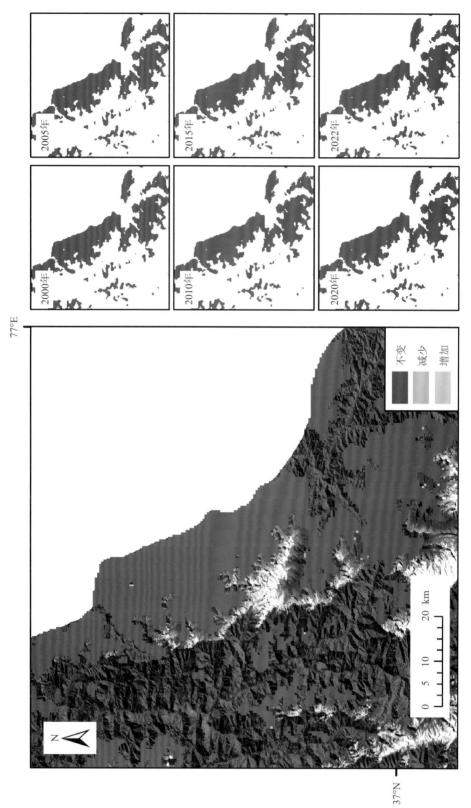

图 7.3　2000—2022 年青藏高原落叶针叶林面积变化分布（样区 1）

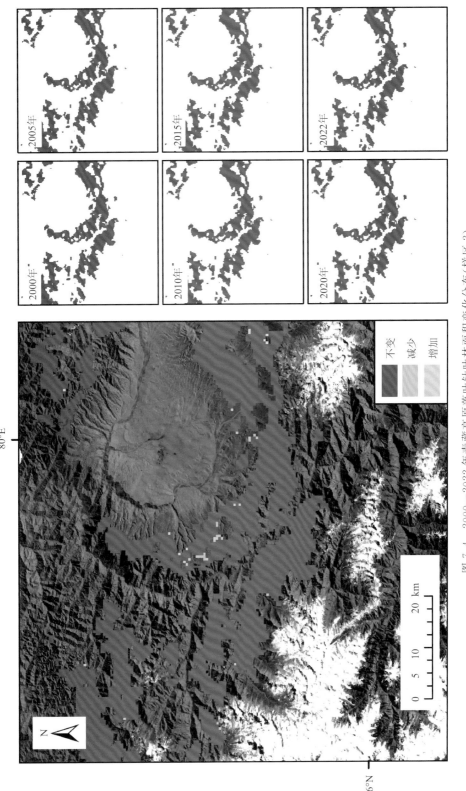

图 7.4　2000—2022 年青藏高原落叶针叶林面积变化分布（样区 2）

2005年

2015年

2022年

2000年

2010年

2020年

80°E

36°N

不变

减少

增加

0　5　10　　　20 km

N

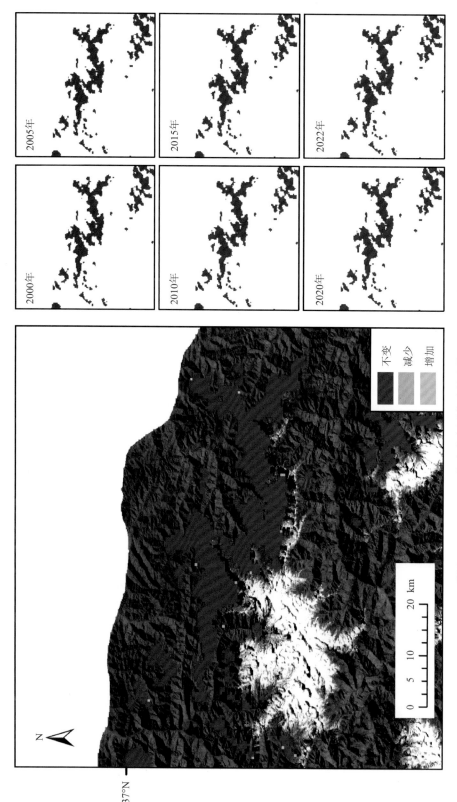

图 7.5 2000—2022 年青藏高原落叶针叶林面积变化分布（样区 3）

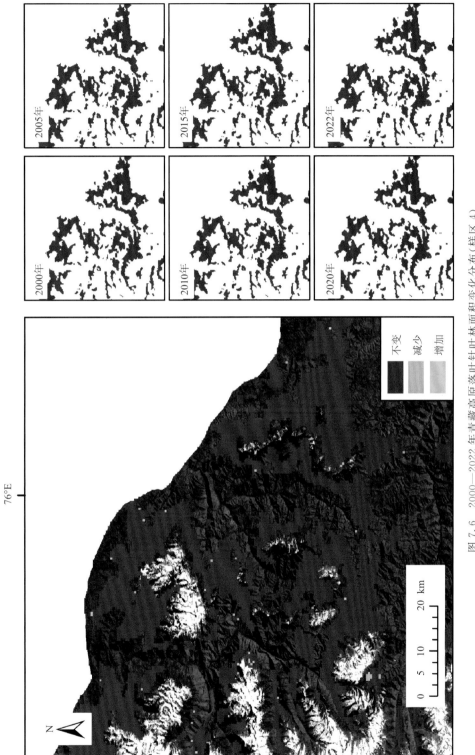

图 7.6 2000—2022 年青藏高原落叶针叶林面积变化分布（样区 4）

灌丛是由一切以灌木占优势所组成的植被群落。在青藏高原分布面积为 92089.52～92813.88 km²，大多分布于雅鲁藏布江周边地区及拉萨河谷周边。

2000—2022 年，青藏高原灌丛的面积总体上呈弱减少趋势。2000 年的面积为 92813.88 km²，而 2022 年的面积则减少到了 92089.52 km²，总共减少 724.36 km²，减少幅度约为 0.78%。

青藏高原灌丛在 2000 年面积最大，此后逐年减少。特别是 2000—2009 年，面积从 92813.88 km² 降至 92199.32 km²，减少约 0.66%。从 2009 年起，灌丛面积继续减少，但下降速度有所放缓。2009 年的面积为 92199.32 km²，而到 2017 年减少至 92141.27 km²，下降幅度约为 0.06%。到 2022 年，面积进一步减少到 92089.52 km²，达到面积最小值（图 8.1～图 8.6）。

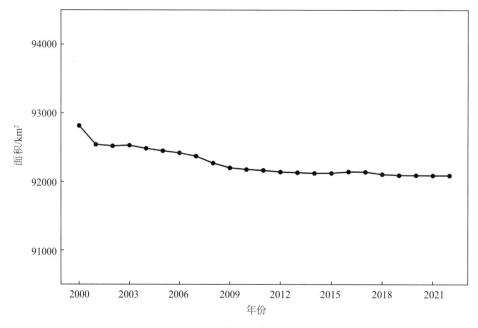

图 8.1　2000—2022 年青藏高原灌丛面积变化的时间序列

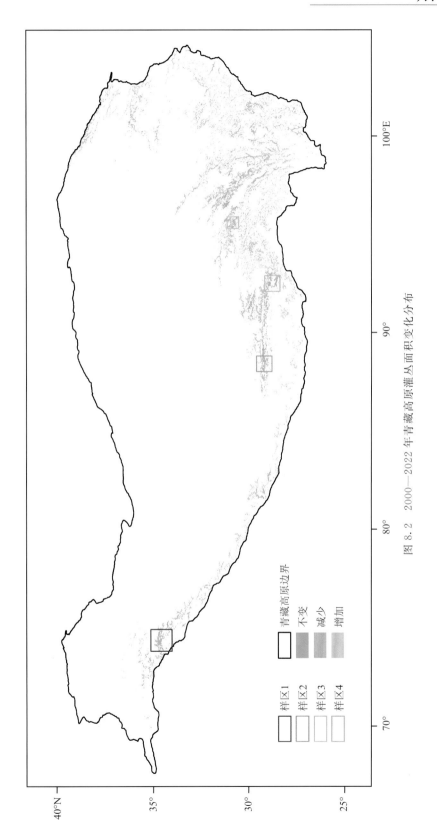

图 8.2　2000—2022 年青藏高原灌丛面积变化分布

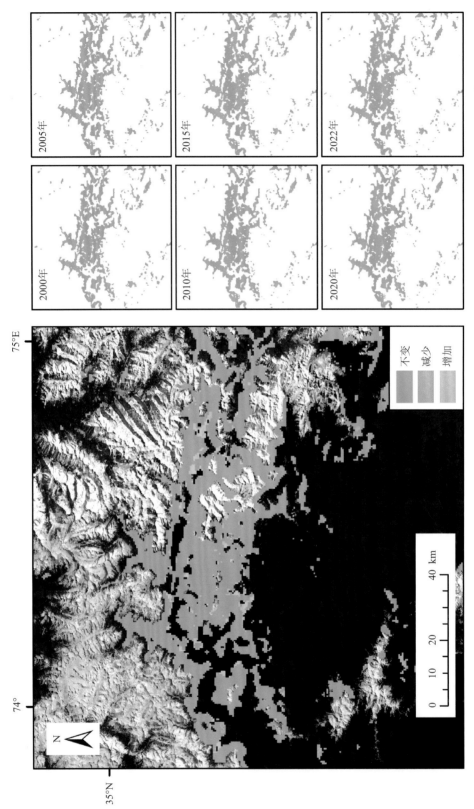

图 8.3 2000—2022 年青藏高原灌丛面积变化分布（样区 1）

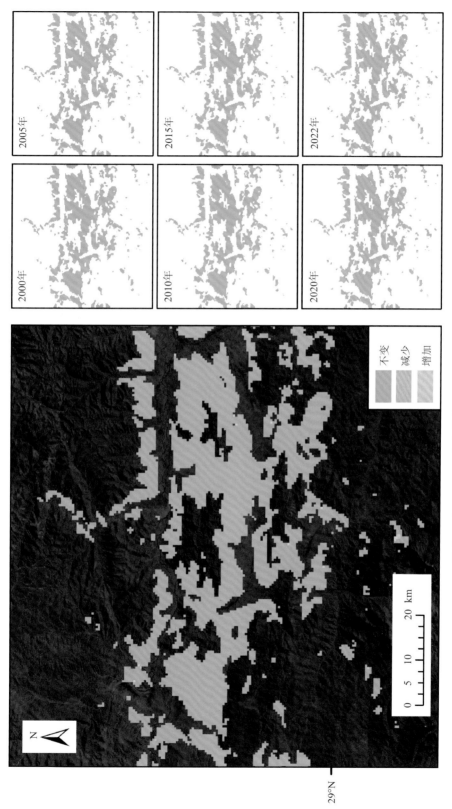

图 8.4　2000—2022 年青藏高原灌丛面积变化分布（样区 2）

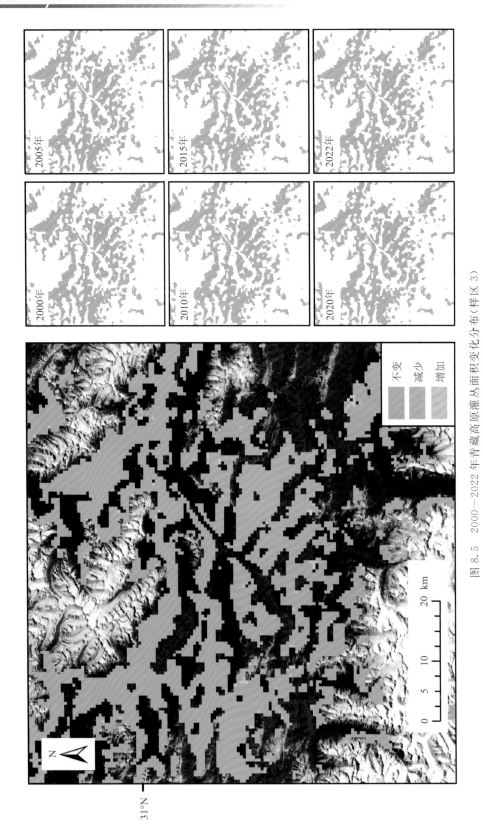

图 8.5　2000—2022 年青藏高原灌丛面积变化分布（样区 3）

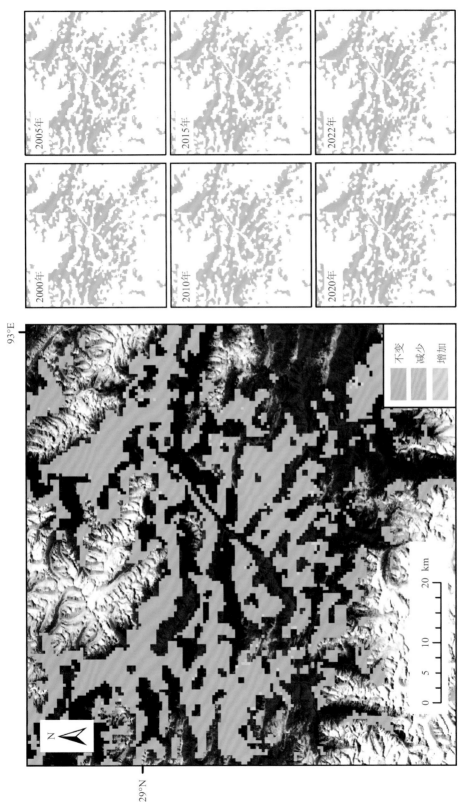

图 8.6　2000—2022 年青藏高原灌丛面积变化分布（样区 4）

2005年

2015年

2022年

2000年

2010年

2020年

93°E

29°N

不变

减少

增加

N

0　5　10　20 km

九、高寒灌丛草甸

高寒灌丛草甸是由适应低温、风大、干燥、高寒气候的灌丛与高寒草甸构成的植被群落,在青藏高原分布面积约为 31291.31～31623.75 km²,大多分布于青藏高原东南部雅鲁藏布江附近及西宁市周边。

2000—2022 年,青藏高原高寒灌丛草甸的面积总体上呈轻微的减少趋势。2000 年的面积为 31623.75 km²,而 2022 年的面积则减少到了 31301.81 km²,总共减少 321.94 km²,减少幅度约为 1.02%。

2000—2006 年,高寒灌丛草甸面积减少,从 31623.75 km² 降至 31333.75 km²,减少约 0.92%。此后,在 2007—2011 年略有回升和波动,在 2007 年面积为 31326.00 km²,2011 年面积为 31319.56 km²。2011—2018 年,高寒灌丛草甸面积基本保持稳定但略有下降。2018—2022 年,面积呈微上升趋势,增加约 0.03%(图 9.1～图 9.6)。

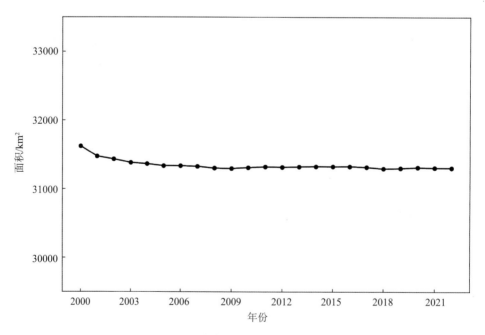

图 9.1　2000—2022 年青藏高原高寒灌丛草甸面积变化的时间序列

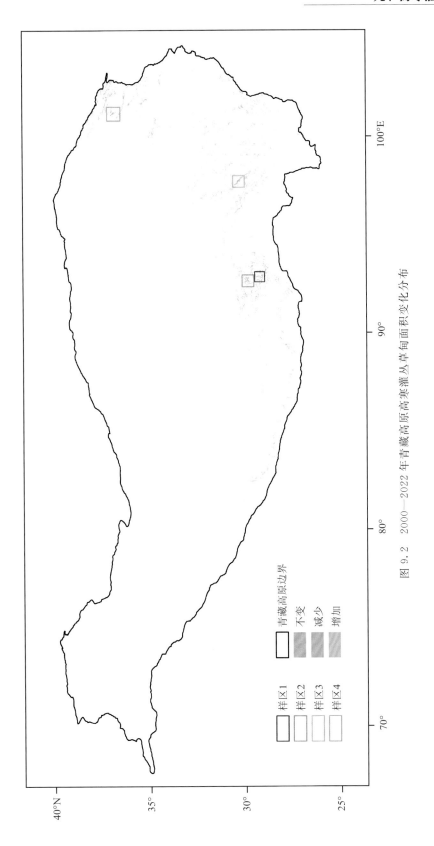

图 9.2　2000—2022 年青藏高原高寒灌丛草甸面积变化分布

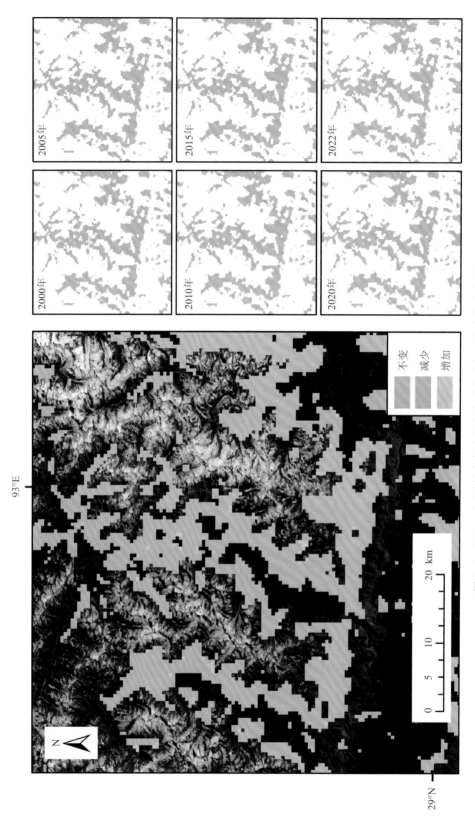

图 9.3 2000—2022 年青藏高原高寒灌丛美灌丛草甸面积变化分布（样区 1）

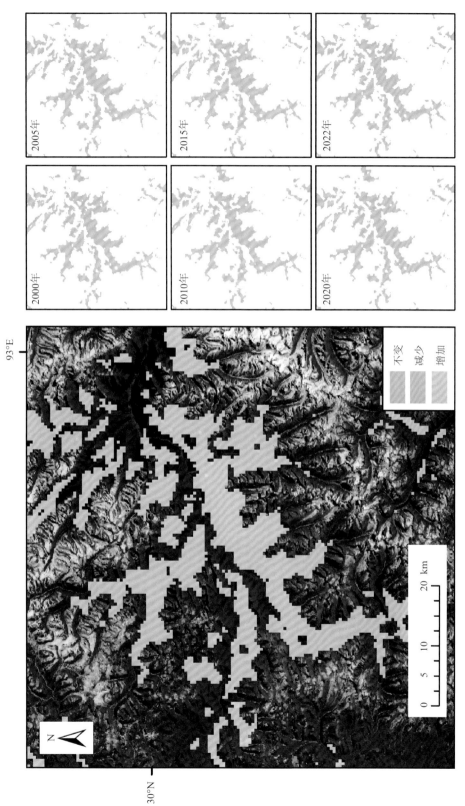

图 9.4　2000—2022 年青藏高原高寒灌丛草甸面积变化分布（样区 2）

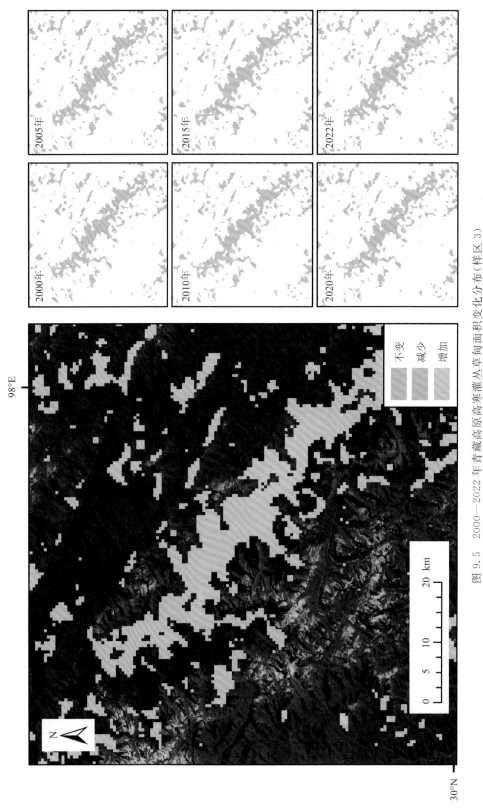

图 9.5　2000—2022 年青藏高原高寒灌丛草甸面积变化分布（样区 3）

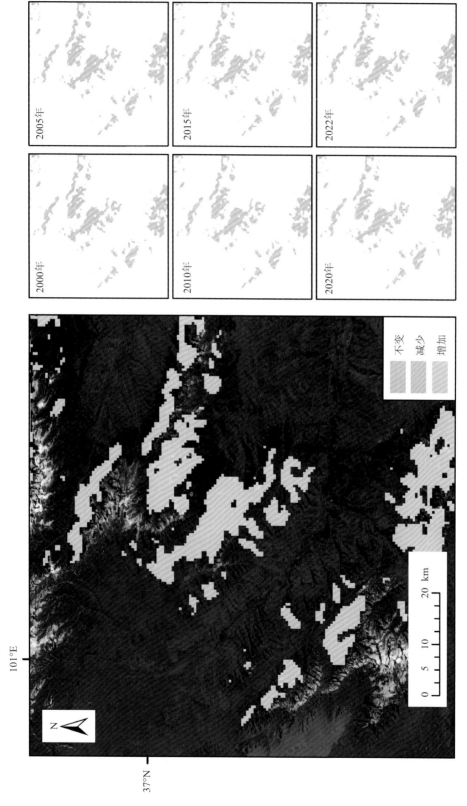

图 9.6 2000—2022 年青藏高原高寒灌丛草甸面积变化分布（样区 4）

十、高寒草甸

  高寒草甸是由适寒冷的草本植物为优势组成的植物群落,在青藏高原分布面积约为789457.45～798264.43 km²,主要分布于青藏高原东部及东南部区域。

  2000—2022 年,青藏高原高寒草甸的面积总体上呈波动且略有增加的趋势。2000 年的面积为 789457.45 km²,而 2022 年的面积则达到了 798222.43 km²,总共增加 8764.98 km²,增长幅度约为 1.11%。

  2000—2004 年,高寒草甸面积总体趋势增加,从 789457.45 km² 增加至 790786.34 km²,增长约 0.17%。2004—2012 年,高寒草甸的扩展速度有所加快,面积增加到 796372.78 km²,增长约 0.71%。2012—2017 年,青藏高原高寒草甸的面积呈较为稳定,约为 796372.78～796473.93 km²。2017 年后,高寒草甸的面积继续稳步增加,并于 2022 年达到最大值798264.43 km²,增长幅度约 0.22%(图 10.1～图 10.6)。

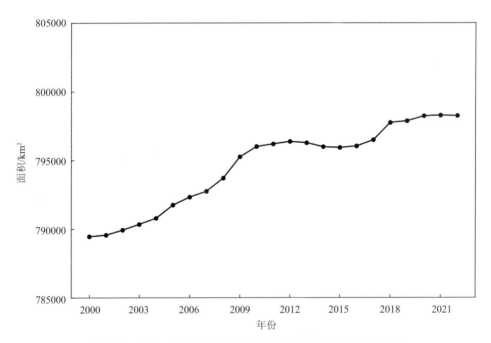

图 10.1　2000—2022 年青藏高原高寒草甸面积变化的时间序列

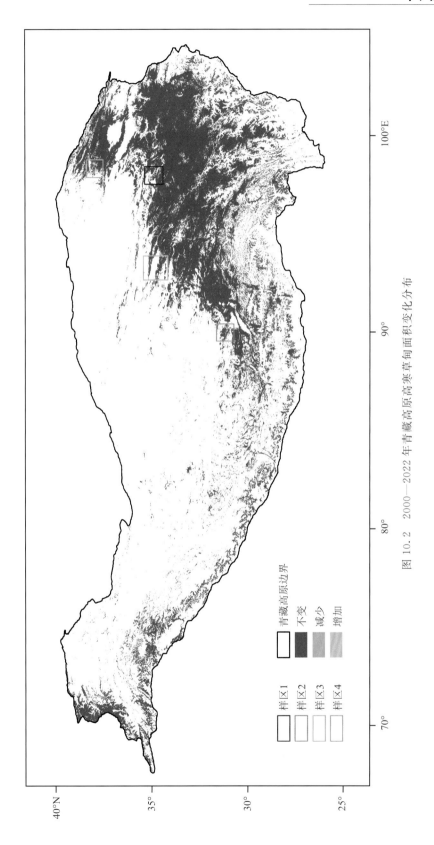

图 10.2　2000—2022 年青藏高原高寒草甸面积变化分布

青藏高原边界

样区1　不变

样区2　减少

样区3　增加

样区4

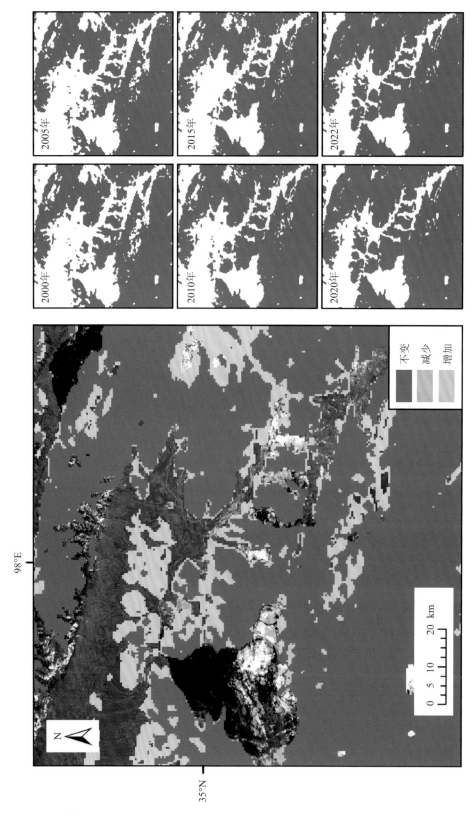

图 10.3　2000—2022 年青藏高原高寒草甸面积变化分布（样区 1）

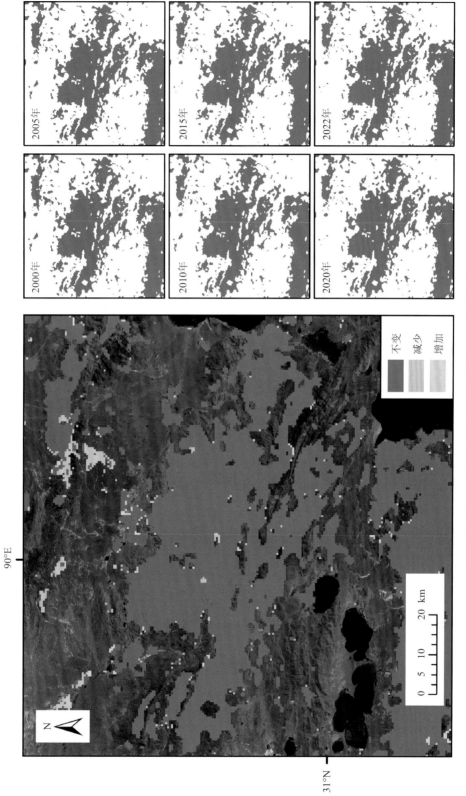

图 10.4　2000—2022 年青藏高原高寒草甸面积变化分布（样区 2）

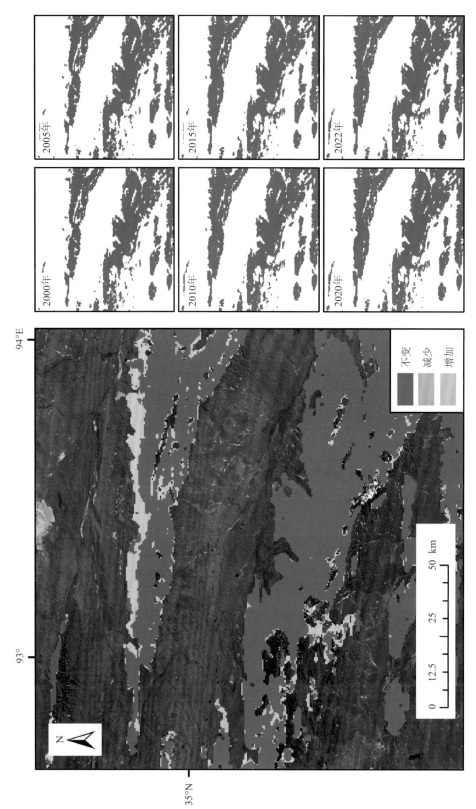

图 10.5　2000—2022 年青藏高原高寒草甸草甸面积变化分布（样区 3）

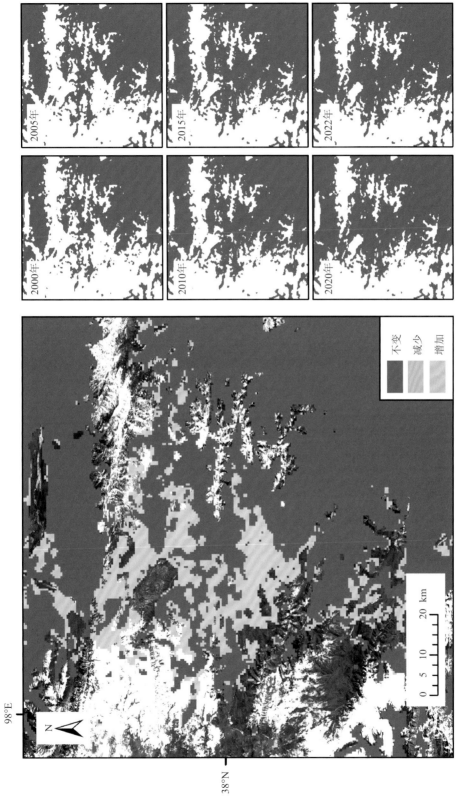

图 10.6 2000—2022 年青藏高原高寒草甸面积变化分布（样区 4）

十一、高寒草原

高寒草原是由生长季节短、生物量低且具有高寒特点的草原组成的植物群落,在青藏高原分布面积约为 577924.20～583073.23 km²,大多分布于青藏高原中部区域。

2000—2022 年,青藏高原高寒草原的面积总体上呈波动且减少的趋势。2000 年的面积为 581305.12 km²,而 2022 年的面积则减少到了 578169.95 km²,总共减少 3135.17 km²,减少幅度约为 0.54%。

2000—2003 年,高寒草原的面积呈增长趋势,从 581305.12 km² 增加到 583067.60 km²,增长约 0.30%。2003—2016 年,面积波动较为显著,2007 年的面积达到了 583073.23 km²,而 2009 年的面积略降至 581597.73 km²。2010—2014 年,高寒草原的面积继续波动,但整体上没有明显的增长或减少。此后到 2020 年面积进一步减少到 577924.20 km²,达到所有年份的最低值,而后到 2022 年略微增加(图 11.1～图 11.6)。

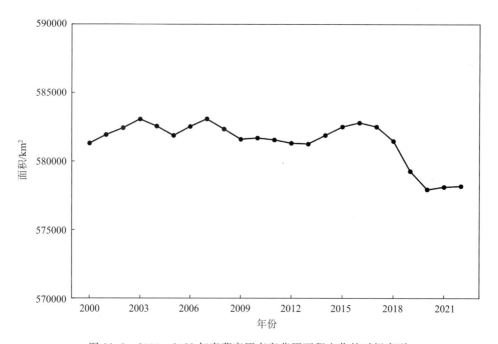

图 11.1　2000—2022 年青藏高原高寒草原面积变化的时间序列

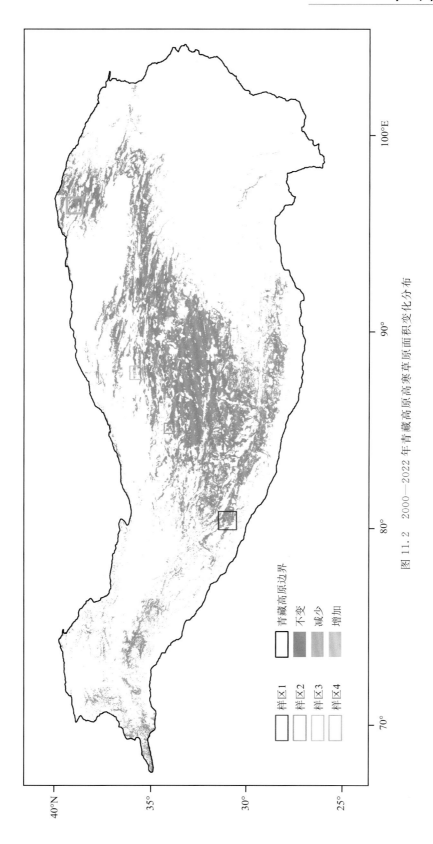

图 11.2 2000—2022 年青藏高原高寒草原面积变化分布

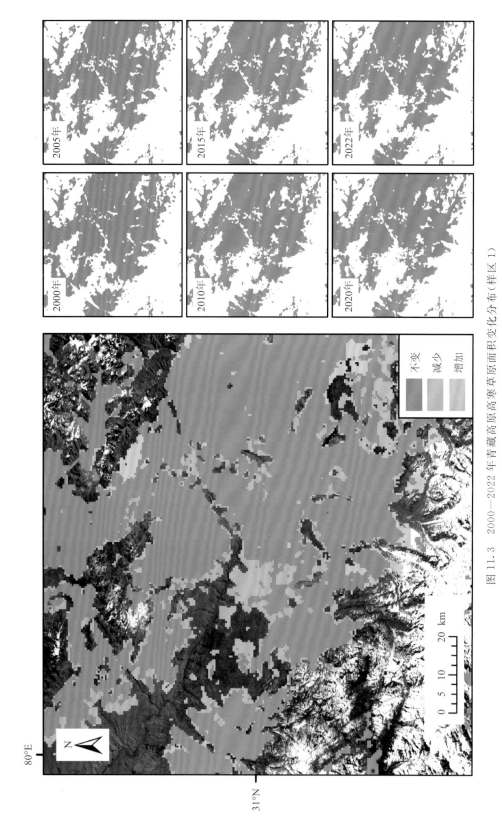

图 11.3 2000—2022 年青藏高原高寒草原面积变化分布（样区 1）

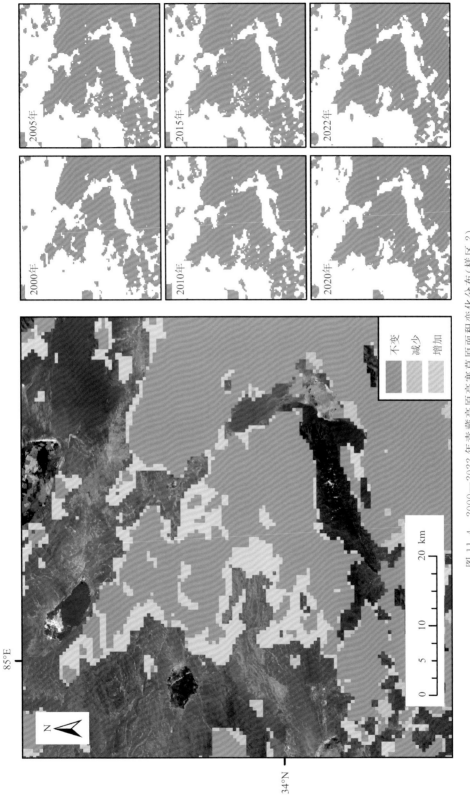

图 11.4 2000—2022 年青藏高原高寒草原面积变化分布（样区 2）

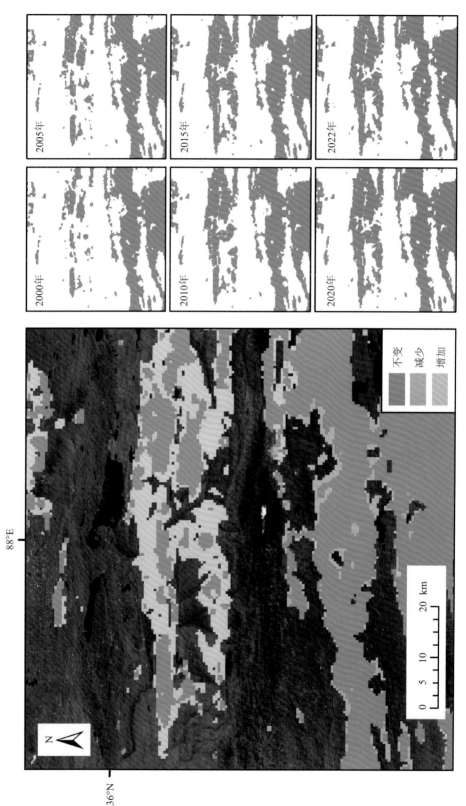

图 11.5 2000—2022 年青藏高原高寒草原面积变化分布（样区 3）

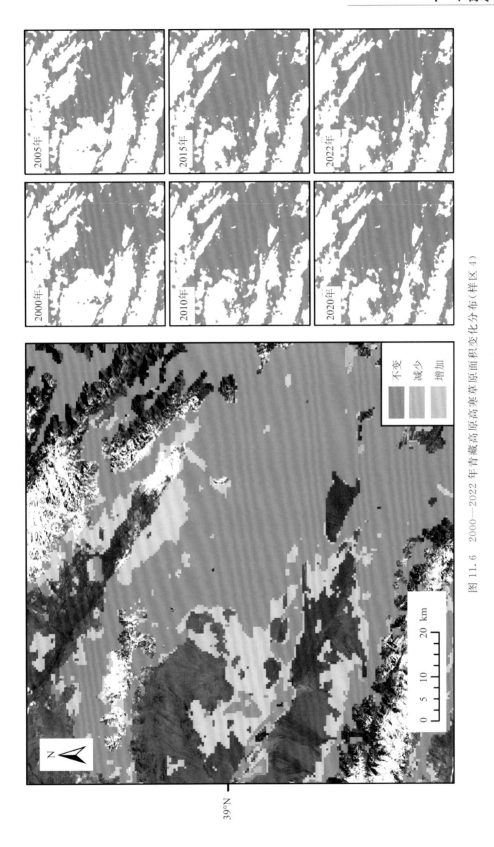

图 11.6 2000—2022 年青藏高原高寒草原面积变化分布（样区 4）

2005年

2015年

2022年

2000年

2010年

2020年

不变

减少

增加

39°N

N

0 5 10 20 km

十二、高山植被

高山植被是指森林线或灌丛带以上到常年积雪带下限之间的、由适冰雪与耐寒的植物成分组成的群落所构成的植被,在青藏高原分布面积约为 462514.23～475159.73 km²,大多分布于青藏高原积雪带以下的高海拔区域。

2000—2022 年,青藏高原高山植被的面积总体上呈波动且增加的趋势。2000 年的面积为 462514.23 km²,而 2022 年的面积则达到了 475159.73 km²,总共增加 12645.50 km²,增长幅度约为 2.73%。

尽管高山植被总体为增长趋势,但在某些年份中植被面积会出现短暂的下降,如 2005—2006 年植被面积减少 442.50 km²,2015—2016 年也出现小幅减少。此外,某些年份的植被面积增长较为显著,如 2001—2002 年增长 3463.50 km²,2007—2008 年增加 1533.50 km²;而一些年份的增长则较为平稳,如 2013—2014 年和 2016—2017 年,分别只增加 276.75 km² 和 88.25 km²(图 12.1～图 12.6)。

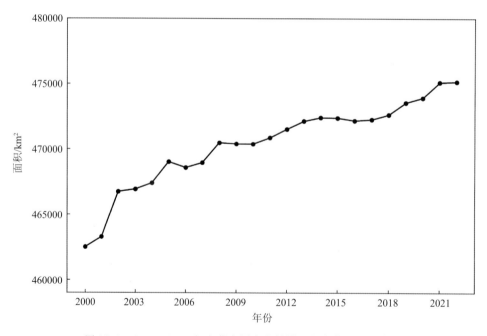

图 12.1 2000—2022 年青藏高原高山植被面积变化的时间序列

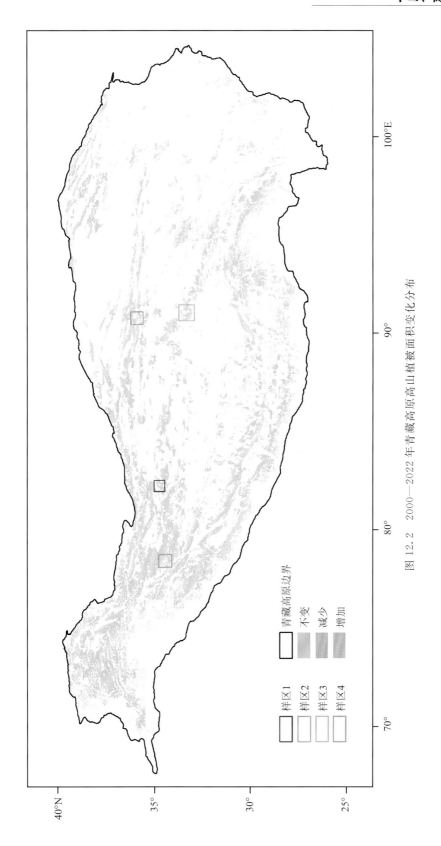

图 12. 2 2000—2022 年青藏高原高山植被面积变化分布

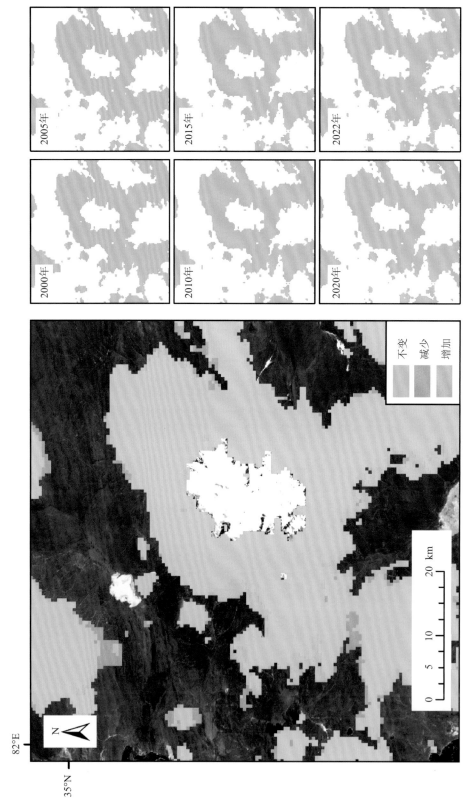

图 12.3　2000—2022 年青藏高原高山植被面积变化分布（样区 1）

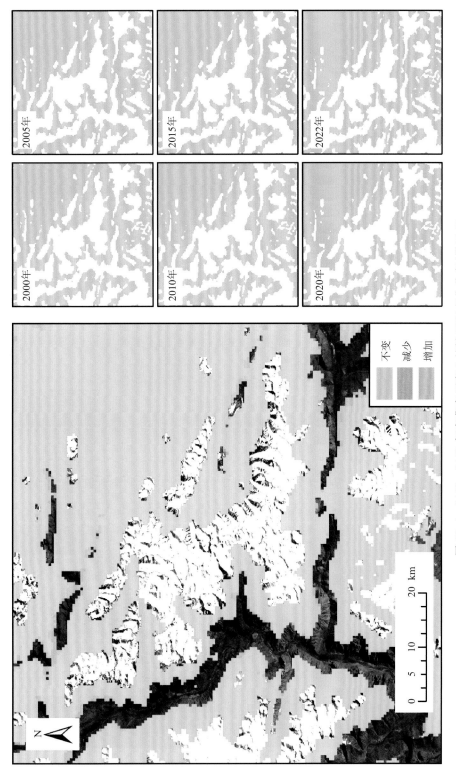

图 12.4　2000—2022 年青藏高原高山植被面积变化分布（样区 2）

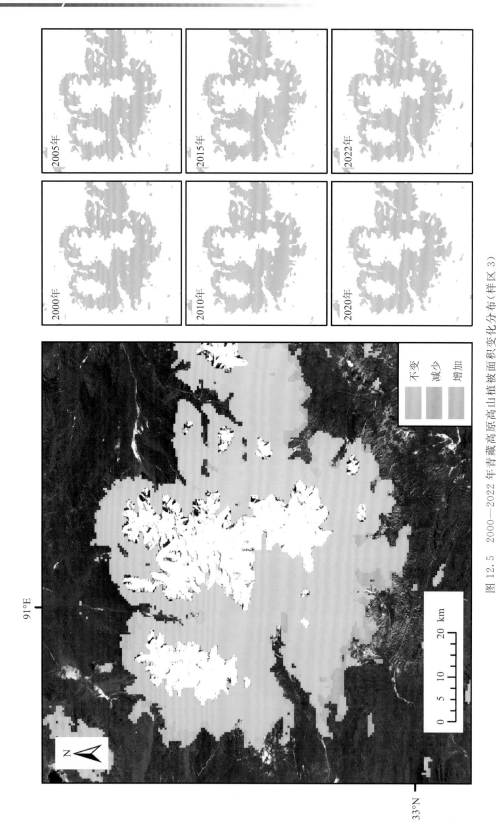

图 12.5　2000—2022 年青藏高原高山植被面积变化分布（样区 3）

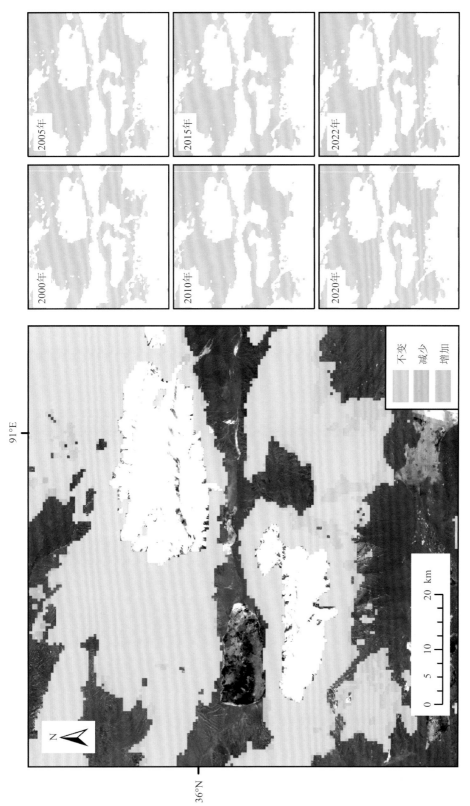

图 12.6　2000—2022 年青藏高原高山植被面积变化分布（样区 4）

2000年　2005年

2010年　2015年

2020年　2022年

不变

减少

增加

91°E

36°N

N

0　5　10　20 km

十三、高寒荒漠

高寒荒漠是由耐寒耐旱的垫状小半灌木组成的荒漠,在青藏高原分布面积约为560107.51～581578.39 km²,大多分布于青藏高原北部柴达木盆地及新疆地区。

2000—2022 年,青藏高原高寒荒漠的面积总体上呈显著减少趋势。2000 年的面积为581578.39 km²,而 2022 年则减少到 560107.51 km²,总共减少 21470.88 km²,减少幅度约为 3.69%。

2000—2010 年,高寒荒漠面积减少最快,从 581578.39 km² 减少到 565158.80 km²,年均减少约 1641.96 km²。特别是 2001—2002 年减少 4701.42 km²,是所有年份中面积减少最多的一年。2010—2022 年,高寒荒漠面积减少速度有所放缓,变化趋于稳定,年均减少约 420.94 km²。2018—2020 年,高寒荒漠面积呈增加趋势,其面积从 560655.45 km² 增加到 561633.45 km²,增加了 978.00 km²(图 13.1～图 13.6)。

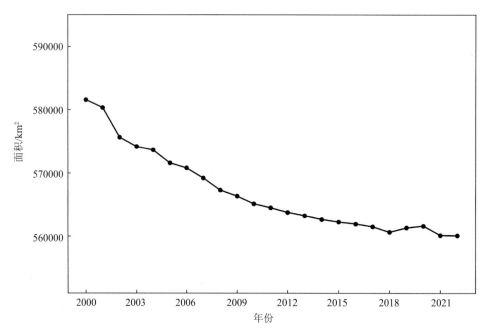

图 13.1 2000—2022 年青藏高原高寒荒漠面积变化的时间序列

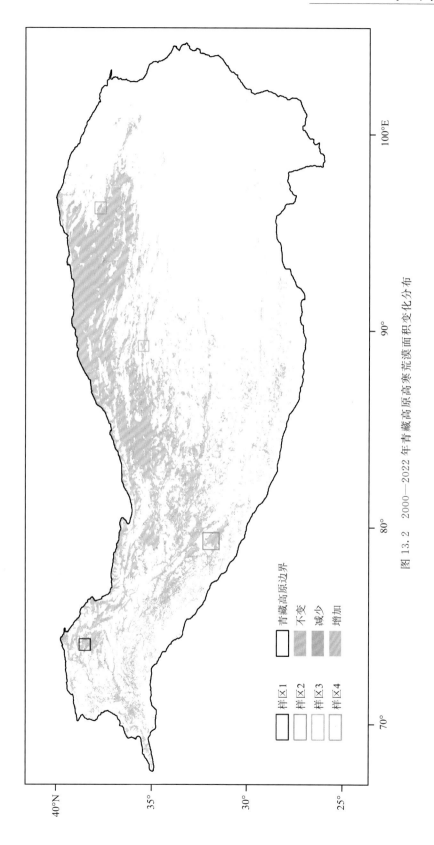

图 13.2 2000—2022 年青藏高原高寒荒漠面积变化分布

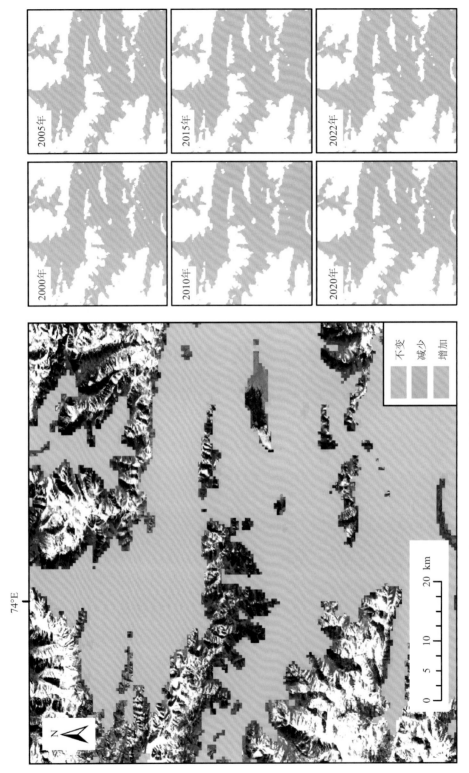

图13.3　2000—2022年青藏高原高寒荒漠面积变化分布（样区1）

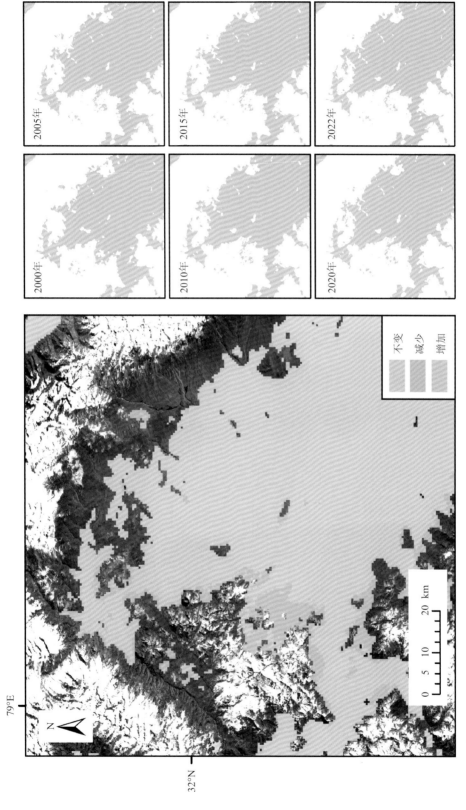

图 13.4　2000—2022 年青藏高原高寒荒漠面积变化分布（样区 2）

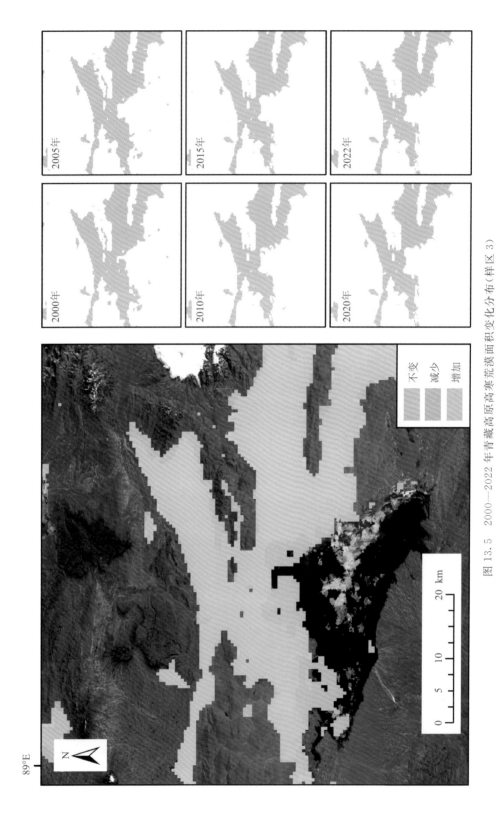

图 13.5　2000—2022 年青藏高原高寒荒漠面积变化分布（样区 3）

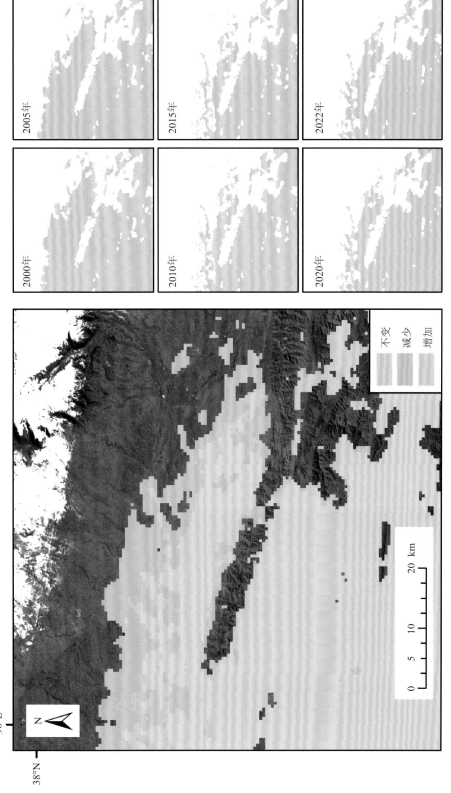

图 13.6 2000—2022 年青藏高原高寒荒漠面积变化分布（样区 4）

十四、栽培植被

栽培植被指人工栽培所形成的植物群落,在青藏高原分布面积约为 38370.31~38877.81 km²,大多分布于青藏高原的城市及乡村周边区域。

2000—2022 年,青藏高原栽培植被的面积总体上呈波动且略有增加的趋势。2000 年的面积为 38370.31 km²,而 2022 年则达到 38877.56 km²,总共增加 507.25 km²,增长幅度约为 1.32%。

2000—2005 年,栽培植被的面积有一定波动。2002 年面积增加到 38559.81 km²,但 2003 年略微减少至 38525..56 km²。随后面积逐年增加,且变化幅度较小。2013 年面积为 38615.81 km²,但 2014 年略微减少至 38598.81 km²。2017—2022 年面积显著增加,特别是在 2019 年和 2020 年。2017 年的面积为 38592.06 km²,但到 2019 年大幅增加到 38733.56 km²,2020 年达到 38876.81 km²,并在 2021 年达到最高值 38877.81 km²(图 14.1~图 14.6)。

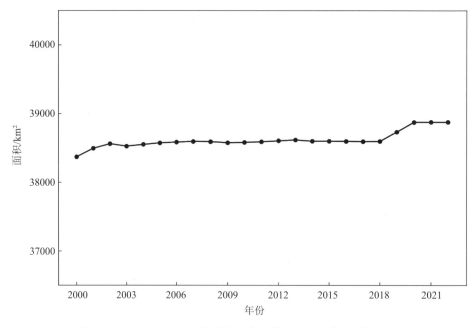

图 14.1　2000—2022 年青藏高原栽培植被面积变化的时间序列

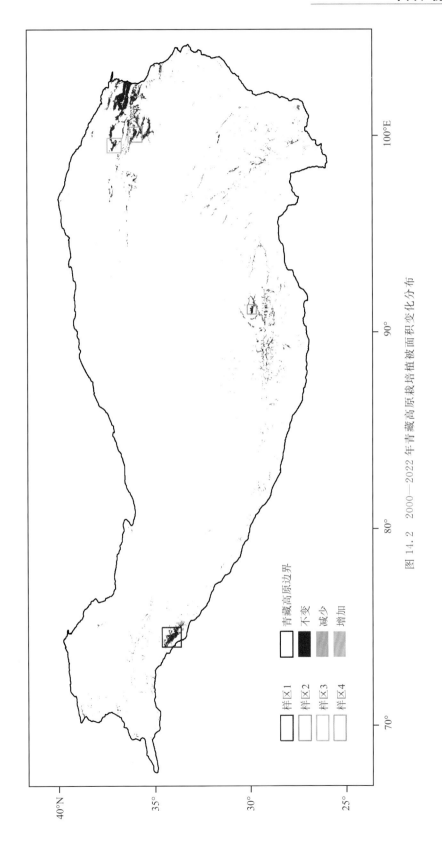

图 14.2 2000—2022 年青藏高原栽培植被面积变化分布

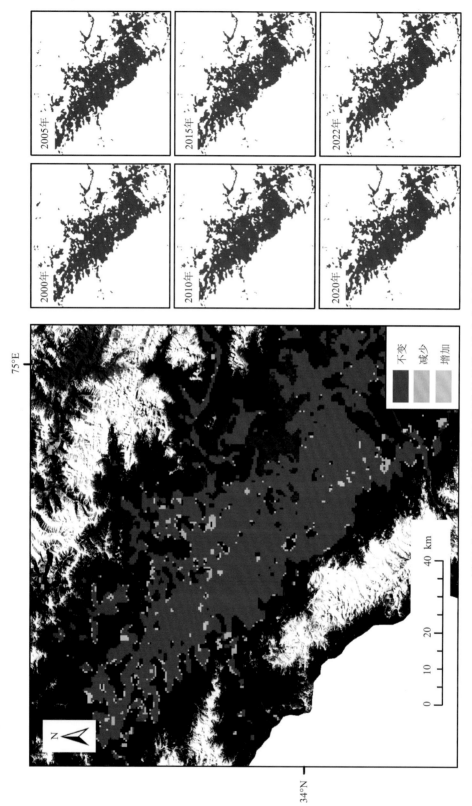

图 14.3　2000—2022 年青藏高原栽培植被面积变化分布（样区 1）

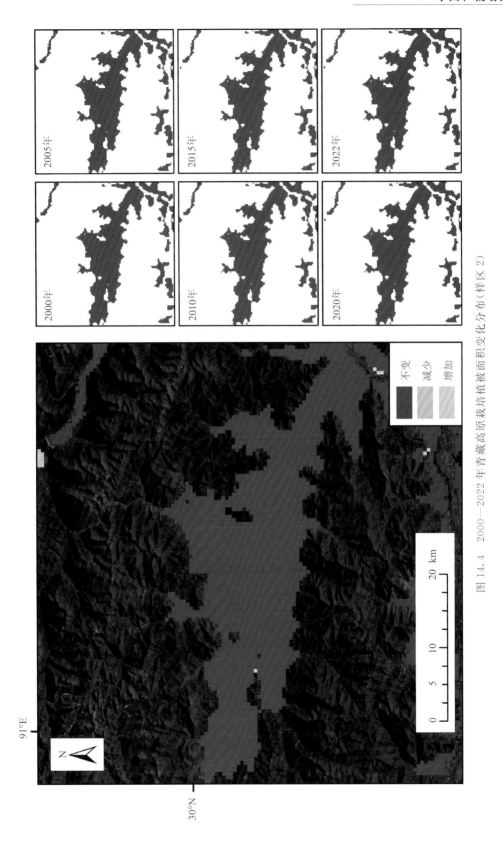

图 14.4 2000—2022 年青藏高原栽培植被面积变化分布（样区 2）

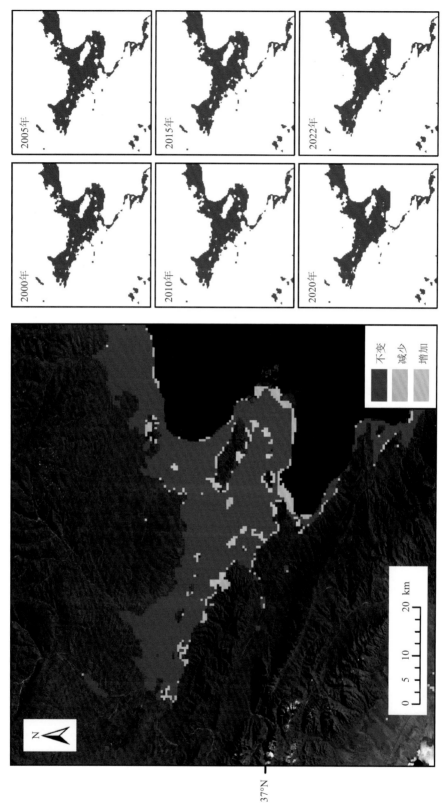

图 14.5 2000—2022 年青藏高原栽培植被面积变化分布（样区 3）

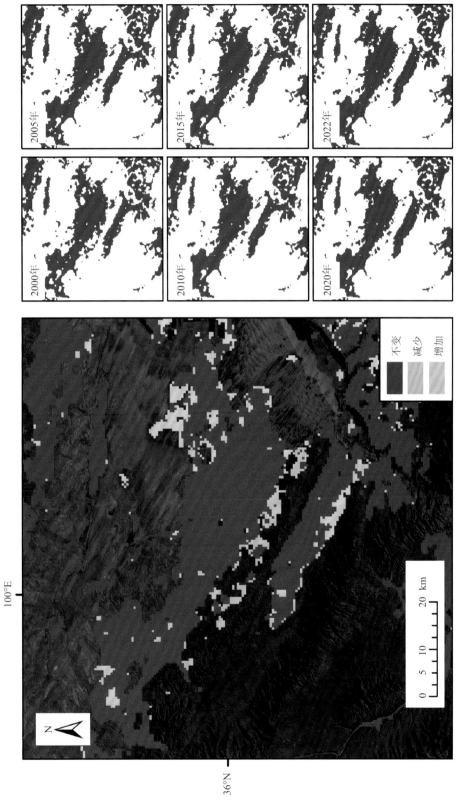

图 14.6 2000—2022 年青藏高原栽培植被面积被变化分布（样区 4）

十五、湿　地

　　湿地指由水、裸露的土壤和草本或树木组成的植被群落，在青藏高原分布面积约为22738.50～23622.50 km²，大多分布于柴达木盆地和水体周边。

　　2000—2022年，青藏高原湿地的面积总体呈减少趋势，期间经历多次波动。2000年的面积为23459.00 km²，而2022年的面积为22899.50 km²，总共减少559.50 km²，下降幅度约为2.39%。

　　2000—2002年，湿地面积逐年增加，在2002年达到最高值23622.50 km²，但2003年略微减少至23608.00 km²。2003—2008年，湿地面积总体呈下降趋势，减少至23330.50 km²。2008—2019年，湿地面积在波动中继续减少，至2019年面积减少到22738.50 km²。2020—2022年，湿地面积略有回升，2020年为22789.00 km²，2021年增加到22902.00 km²，2022年略微减少至22899.50 km²（图15.1～图15.6）。

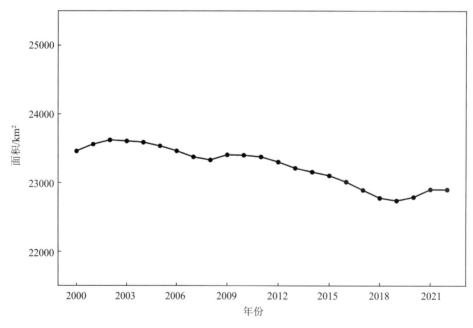

图15.1　2000—2022年青藏高原湿地面积变化的时间序列

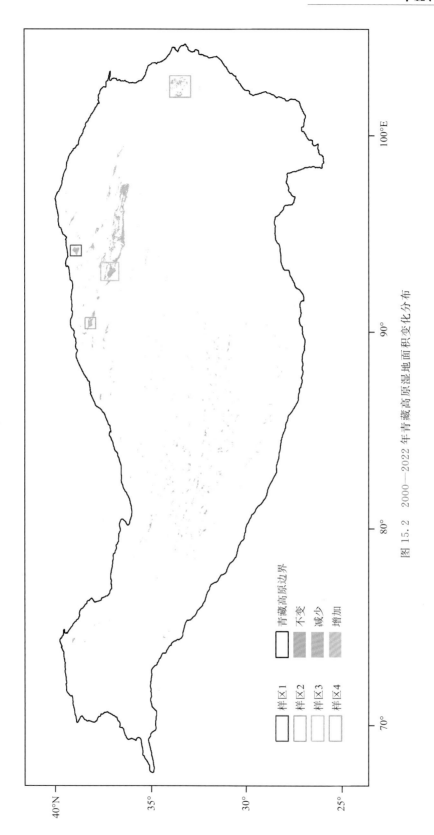

图 15.2 2000—2022 年青藏高原湿地面积变化分布

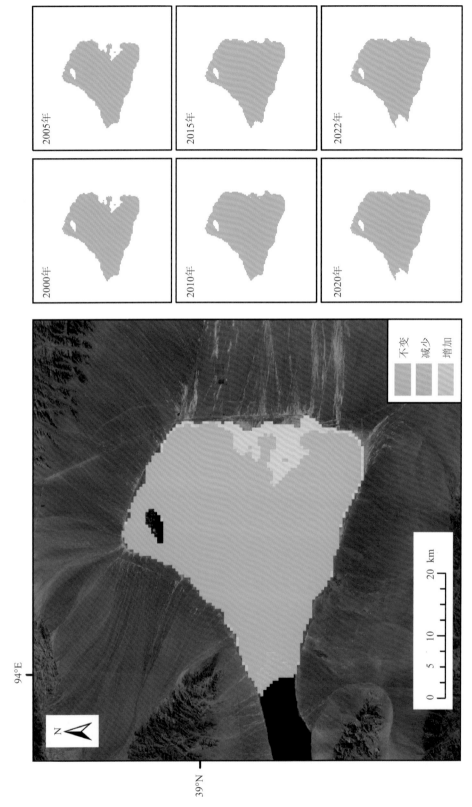

图 15.3　2000—2022 年青藏高原湿地面积变化分布（样区 1）

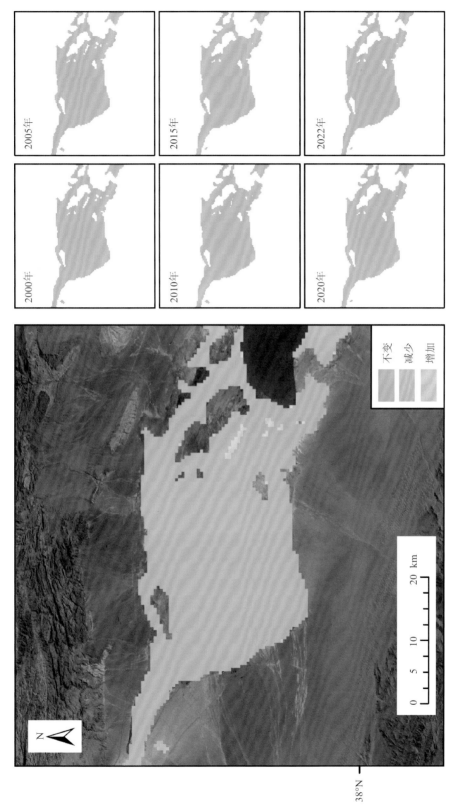

图 15.4 2000—2022 年青藏高原湿地面积变化分布（样区 2）

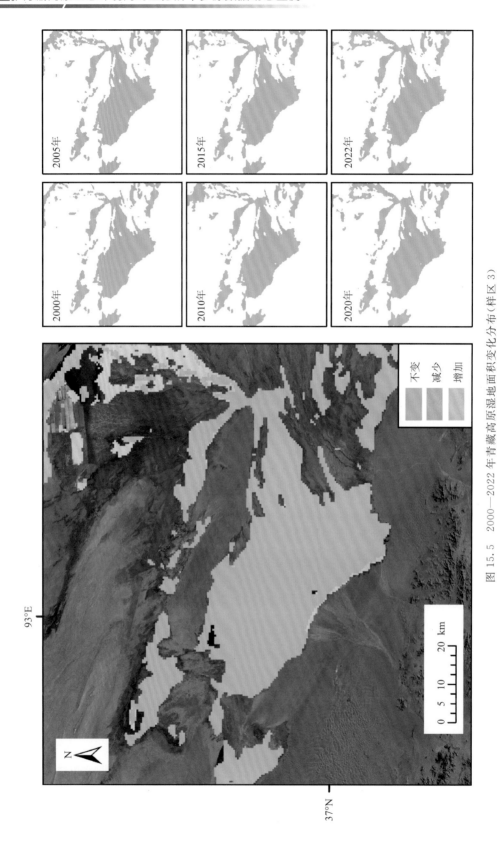

图 15.5　2000—2022 年青藏高原湿地面积变化分布（样区 3）

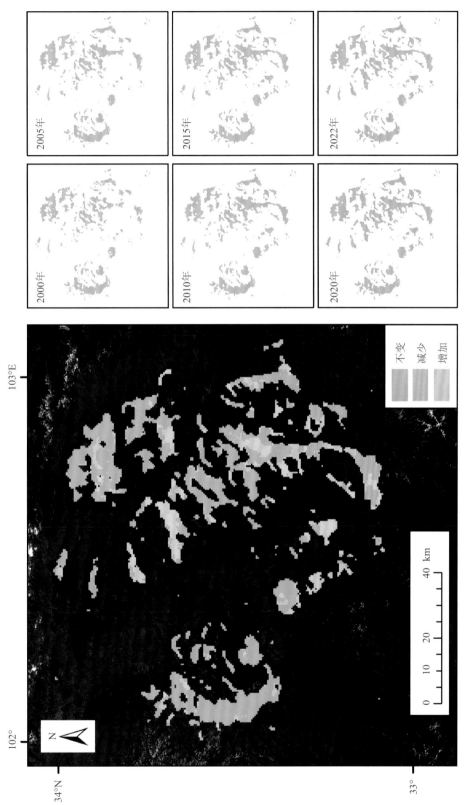

图 15.6　2000—2022 年青藏高原湿地面积变化分布（样区 4）

十六、水 体

水体指全年均被水覆盖的区域,在青藏高原分布面积约为 $51652.00 \sim 56058.75$ km² ,主要分布于青藏高原的中部和东北部区域。

2000—2022 年,青藏高原水体的面积总体上呈显著增加的趋势。2000 年的面积为 51652.50 km² ,而 2022 年的面积达到 55991.18 km² ,总共增加 4338.68 km² ,增长幅度约为 8.40% 。

2000—2010 年,水体面积逐步增加,2010 年水体面积达到 53900.00 km² 。该阶段的增长速度较快,水体面积显著扩大。2011—2020 年,水体面积继续保持增长。2015 年面积略微减少至 54511.50 km² ,但在 2016 年增加至 54725.00 km² ,于 2020 年面积达到最大值为 56058.75 km² ,与 2000 年相比,面积增加 4406.25 km² ,增长约 8.53% 。2021 年和 2022 年水体面积又出现下降趋势。2021 年为 56008.43 km² ,2022 年面积减少至 55991.18 km² (图 16.1~图 16.6)。

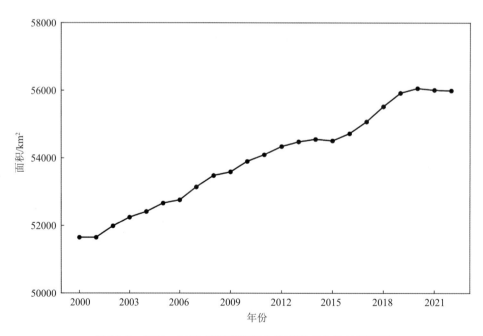

图 16.1 2000—2022 年青藏高原水体面积变化的时间序列

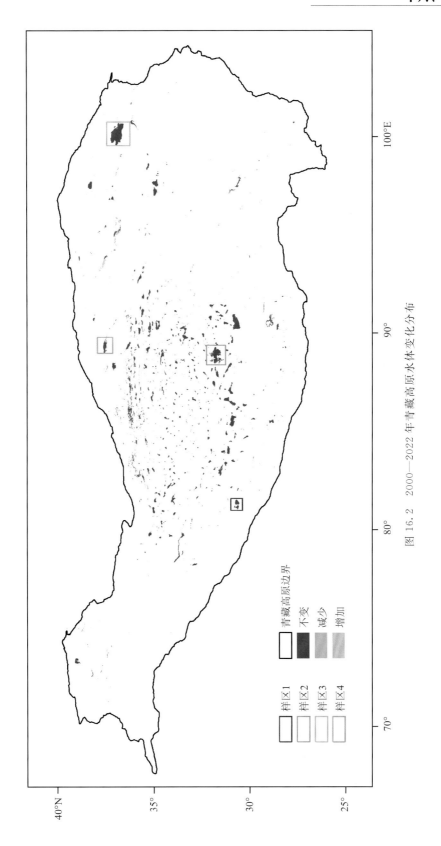

图 16.2　2000—2022 年青藏高原水体变化分布

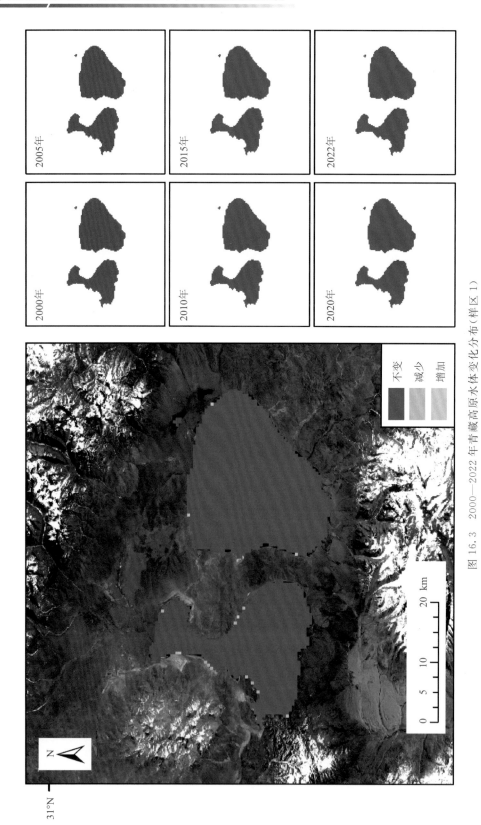

图 16.3　2000—2022 年青藏高原水体变化分布（样区 1）

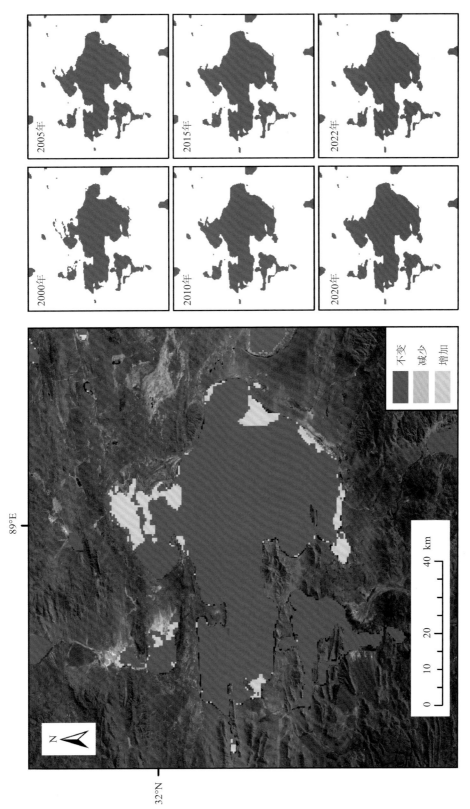

图 16.4　2000—2022 年青藏高原水体变化分布（样区 2）

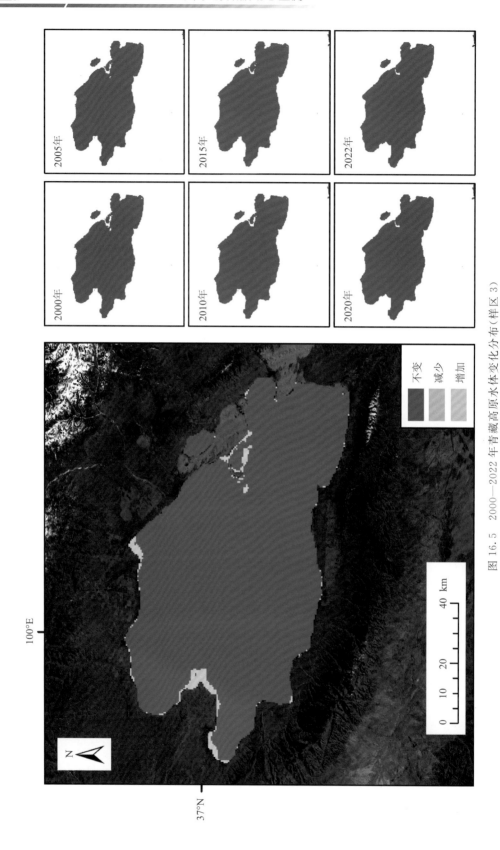

图 16.5　2000—2022 年青藏高原水体变化分布（样区 3）

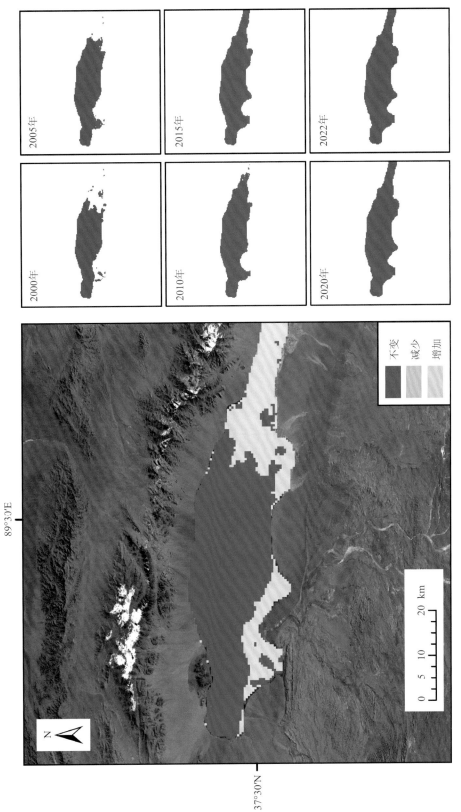

图16.6　2000—2022年青藏高原水体变化分布（样区4）

十七、无植被区

无植被区指自然存在的土壤、沙子或岩石组成的区域,在青藏高原分布面积约为 4501.14~4623.14 km²,主要分布于城市及周边区域。

2000—2022 年,青藏高原无植被区的面积总体上呈减少的趋势。2000 年的面积为 4623.14 km²,而 2022 年的面积则下降到 4503.14 km²,总共减少 120.00 km²,下降幅度约为 2.59%。

2000—2003 年,无植被区的面积逐年减少,从 4623.14 km² 减少到 4569.64 km²。2003—2007 年呈下降趋势,但该阶段的减少幅度较小。2008—2016 年,无植被区面积继续减少,但变化较小。2016—2019 年,无植被区面积进一步减少到 4501.14 km²。到 2021 年和 2022 年,无植被区面积略有波动但总体趋于稳定。2021 年的面积为 4503.39 km²,2022 年的面积略微减少至 4503.14 km²(图 17.1~图 17.6)。

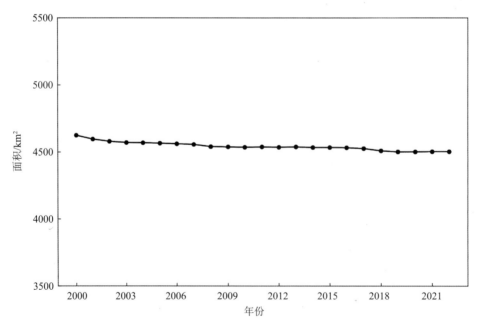

图 17.1 2000—2022 年青藏高原无植被区面积变化的时间序列

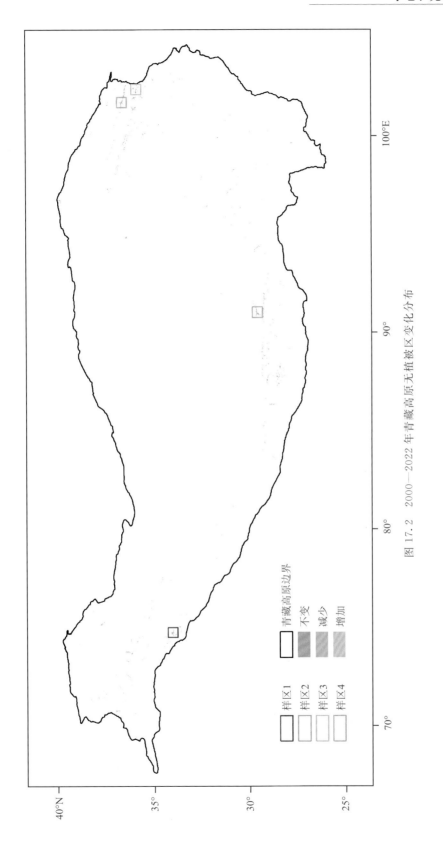

图 17.2 2000—2022 年青藏高原无植被区变化分布

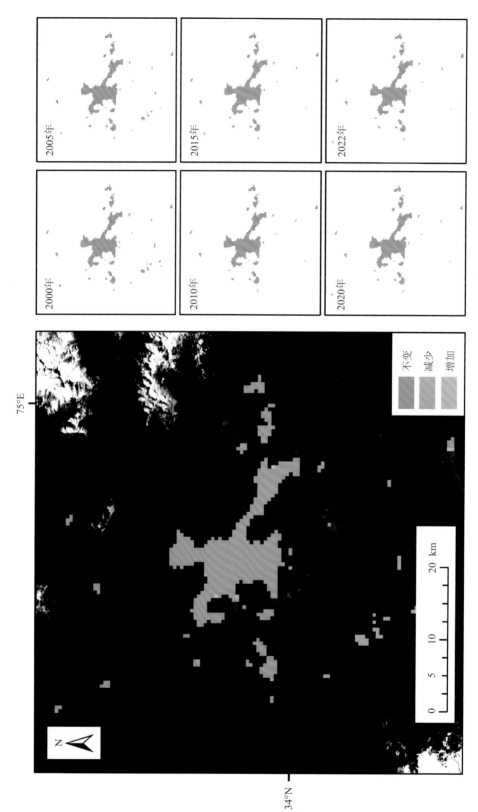

图 17.3　2000—2022 年青藏高原无植被区变化分布（样区 1）

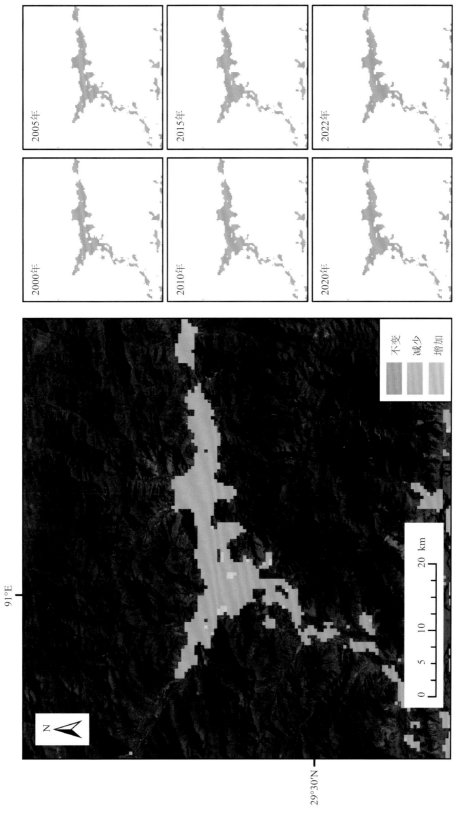

图 17.4　2000—2022 年青藏高原无植被区变化分布（样区 2）

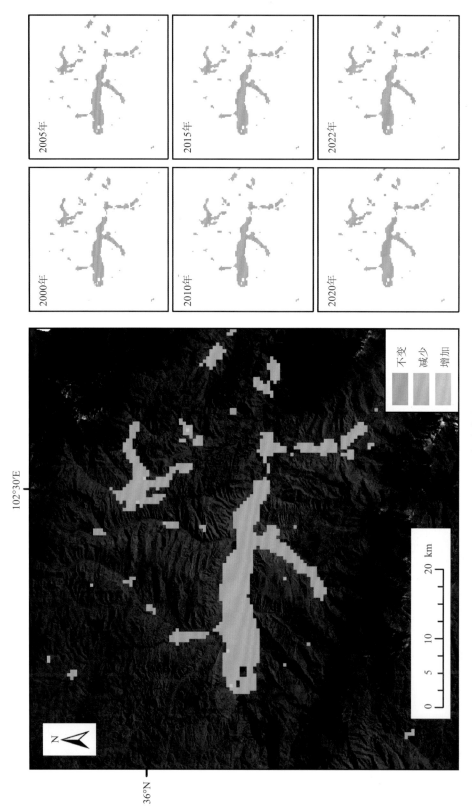

图 17.5 2000—2022 年青藏高原无植被区变化分布（样区 3）

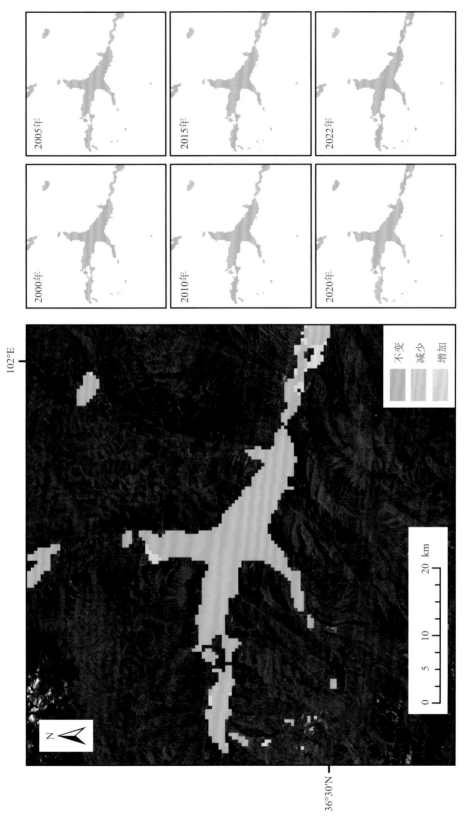

图 17.6 2000—2022 年青藏高原无植被区变化分布（样区 4）

十八、冰川积雪

冰川积雪指全年均由冰和积雪覆盖的区域,在青藏高原分布面积约为 133760.75 km² ～ 134127.75 km²,大多分布在喜马拉雅山脉、昆仑山脉、喀喇昆仑山脉、唐古拉山脉等高海拔山脉区域。

2000—2022 年,青藏高原冰川积雪的面积总体上呈稳定趋势。2000 年的面积为 133760.75 km²,而 2022 年的面积为 133895.75 km²,整体变化不大,共增加 135.00 km²,变化幅度约为 0.10%。

2000—2004 年,青藏高原冰川积雪面积呈缓慢上升趋势,面积从 133760.75 km² 增加到 134007.50 km²。2005—2015 年出现明显波动,面积呈先上升后下降趋势,2010 年达到峰值后开始下降。2016 年后,冰川积雪面积趋于稳定,变化幅度较小。由 2016 年的 133935.75 km² 降至 2022 年的 133895.75 km²,减少约 40.00 km²。(图 18.1～图 18.6)。

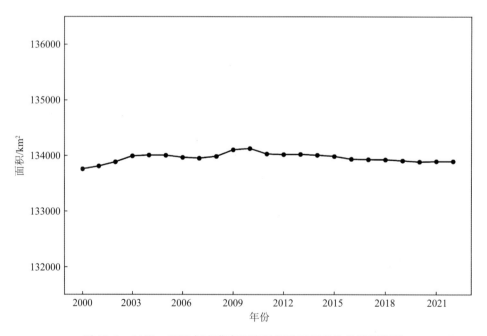

图 18.1　2000—2022 年青藏高原冰川积雪面积变化的时间序列

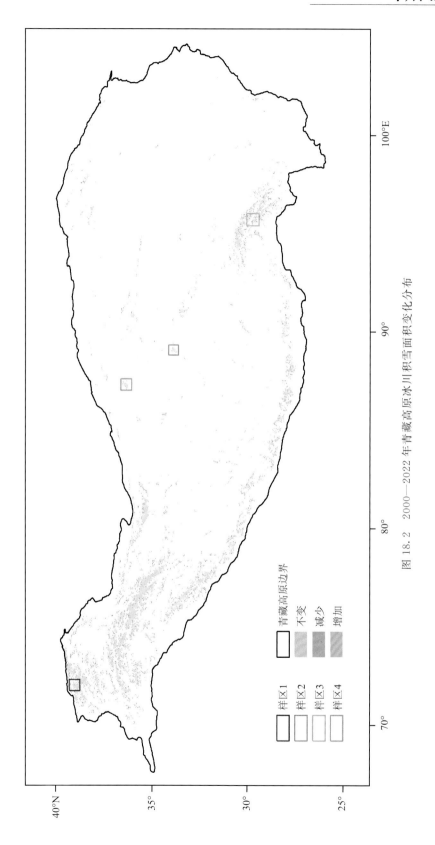

图 18.2 2000—2022 年青藏高原冰川积雪面积变化分布

图 18.3　2000—2022 年青藏高原冰川积雪面积变化分布（样区 1）

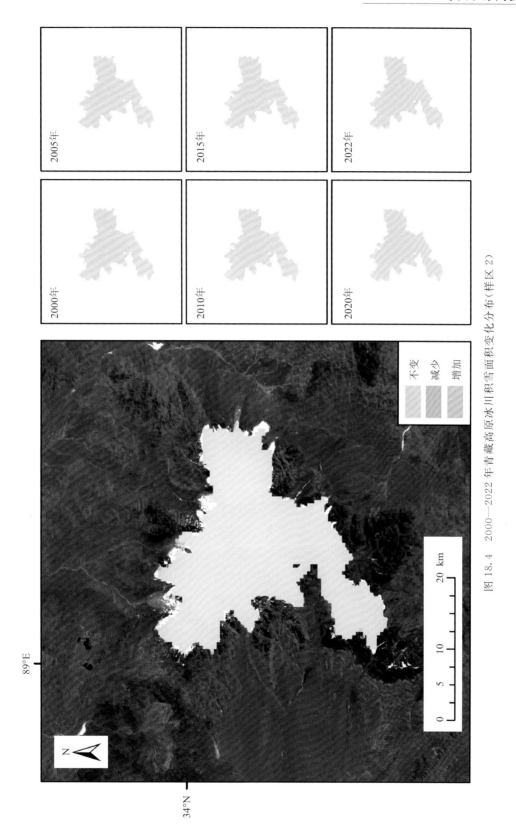

图 18.4 2000—2022 年青藏高原冰川积雪面积变化分布（样区 2）

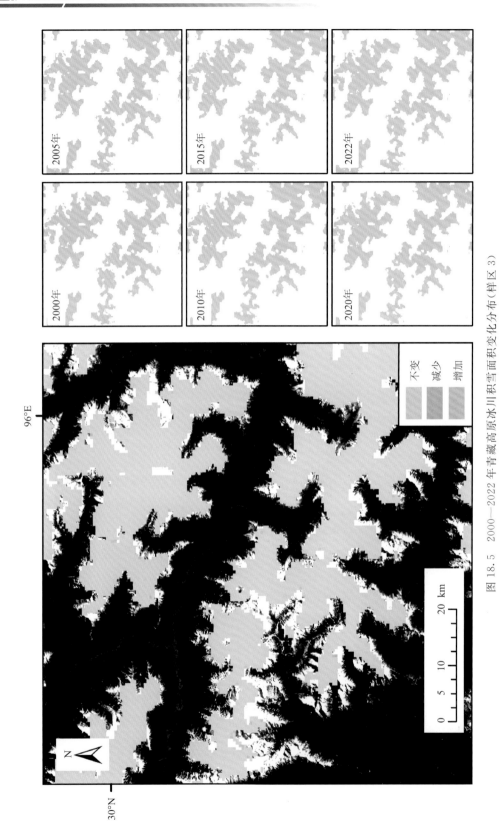

图18.5 2000—2022年青藏高原冰川积雪面积变化分布（样区3）

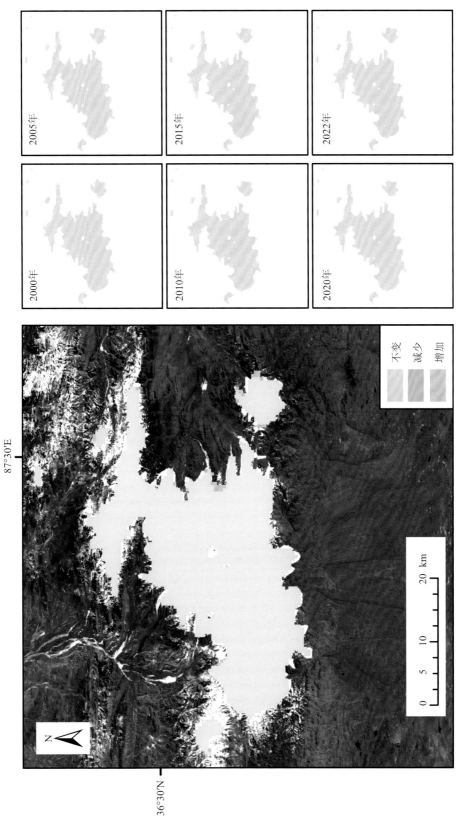

图 18.6　2000—2022 年青藏高原冰川积雪面积变化分布（样区 4）

2005年　2015年　2022年

2000年　2010年　2020年

不变
减少
增加

87°30'E

36°30'N

N

0　5　10　20 km

十九、裸冻土

　　裸冻土是指植被覆盖度小于15%的裸地,多年冻土遍布其下。它通常由大量裸露的裸露岩石、沙子或砾石组成,其间点缀着低矮的草本植物和灌木植物。

　　1990—2020年,青藏高原裸冻土区域的面积总体上呈现出减少的趋势。1990年的面积为56.59万km²,2020年的面积下降到37.93万km²,共减少18.66万km²,下降幅度约为32.97%。

　　1990—2000年,裸冻土区域面积减少较为迅速,从56.59万km²减少到45.36万km²。2000—2005年仍然呈现下降趋势,裸冻土面积继续减少,但变化较小。2005—2010年,裸冻土区域面积从43.39万km²,进一步减少到38.53万km²。2010—2020年,裸冻土区面积略有波动但总体趋于稳定,2020年的面积略微减少至37.93万km²(图19.1～图19.6)。

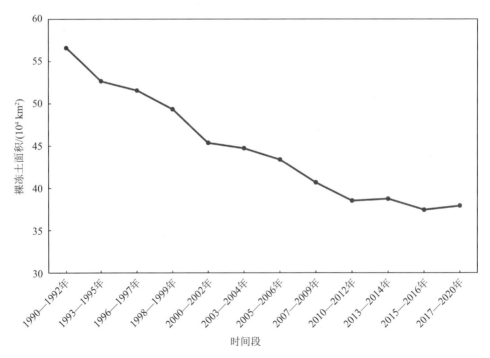

图19.1　1990—2020年青藏高原裸冻土面积变化的时间序列

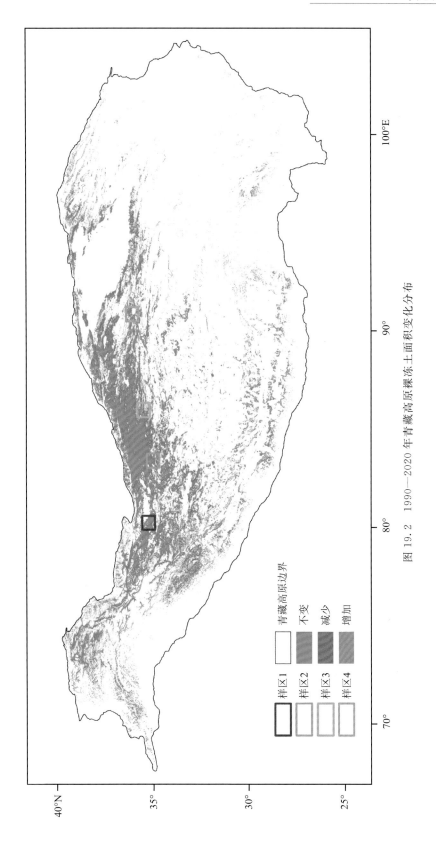

图 19.2 1990—2020 年青藏高原裸冻土面积变化分布

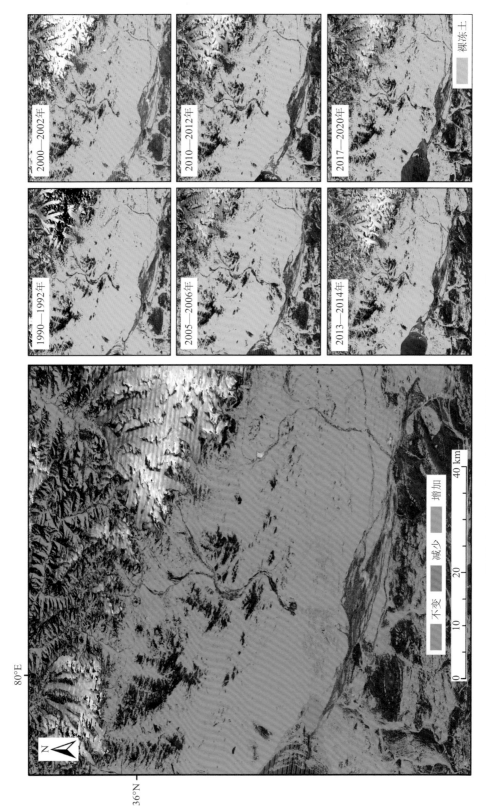

图 19.3　1990—2020 年青藏高原裸冻土面积变化分布（样区 1）

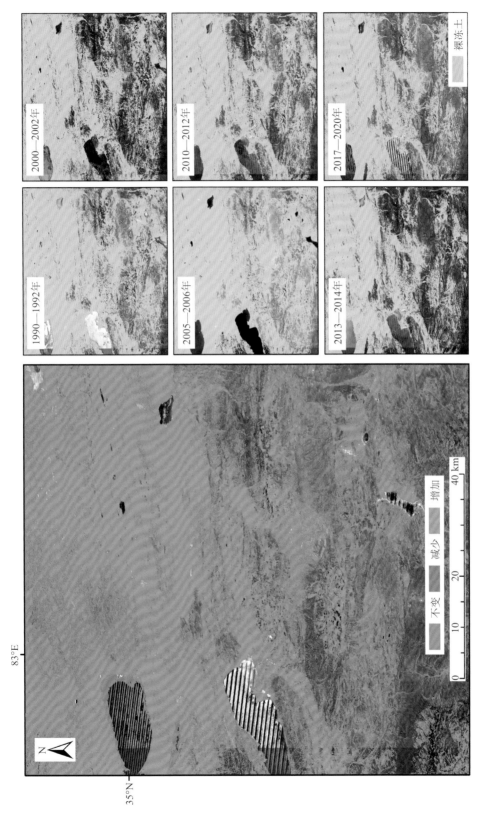

图 19.4　1990—2020 年青藏高原裸冻土面积变化分布（样区 2）

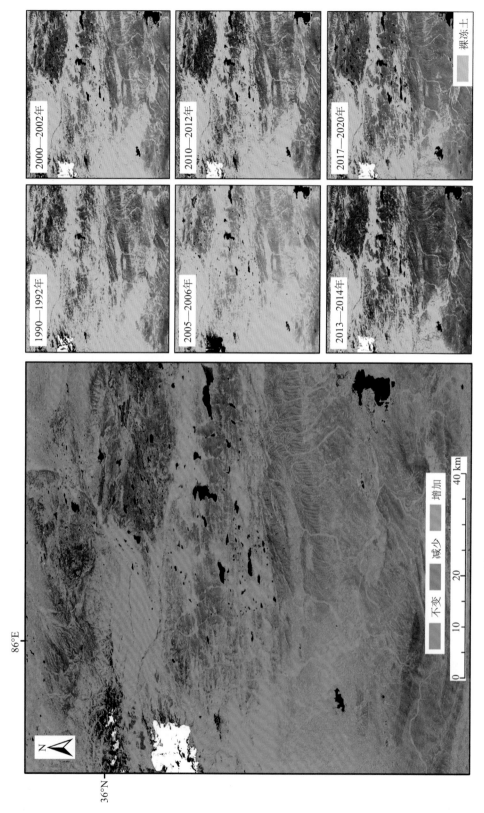

图 19.5　1990—2020 年青藏高原裸冻土面积变化分布（样区 3）

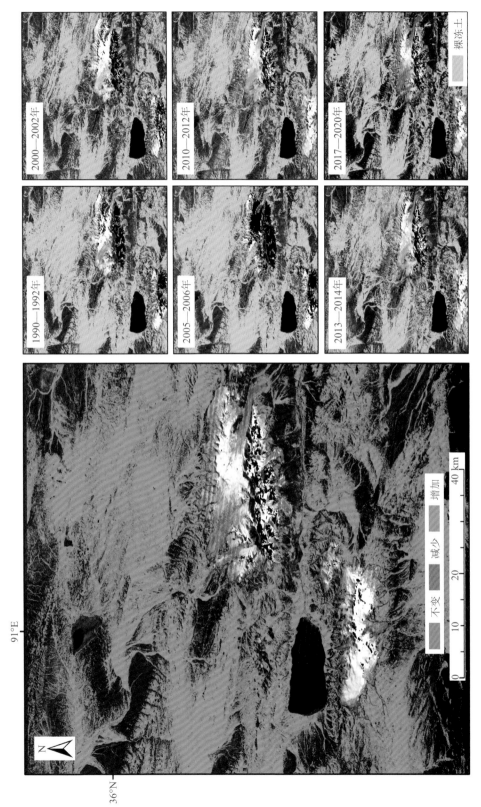

图 19.6　1990—2020 年青藏高原裸冻土面积变化分布（样区 4）

二十、城乡居民用地

城乡居民用地指城市和农村的聚集地,是人类活动活跃的区域。

1990—2020 年,青藏高原城乡居民用地的面积总体上呈现出增加的趋势。城乡居民用地面积从 1990 年的 1388.83 km² 增加到 2020 年的 2491.52 km²,30 年间增加了 1102.69 km²,总体增长幅度约为 79.39%。

1990—2020 年,城乡居民用地面积扩张速度总体呈先增后减趋势。其中,1995—2000 年扩张速度最低,为 5.66 km²/a,2000—2015 年是扩张速度显著加快的时期,特别是在 2010—2015 年间,扩张速度增长迅速,达到了最高水平,为 66.71 km²/a。2015—2020 年,扩张速度有所下降,为 49.35 km²/a,但仍然保持在相对较高的扩张水平(图 20.1~图 20.9)。

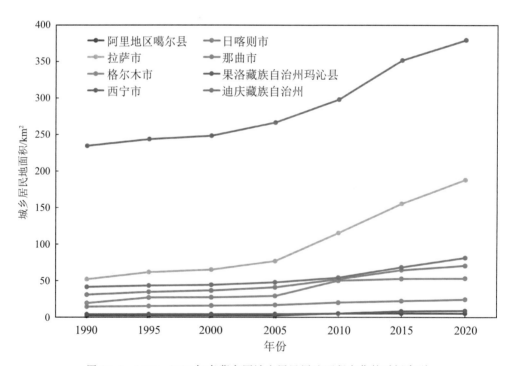

图 20.1 1990—2020 年青藏高原城乡居民用地面积变化的时间序列

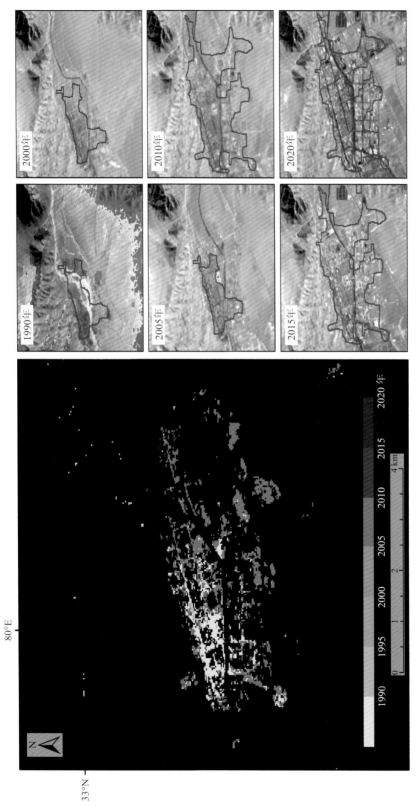

图 20.2 1990—2020 年阿里地区噶尔县城乡居民用地扩张情况

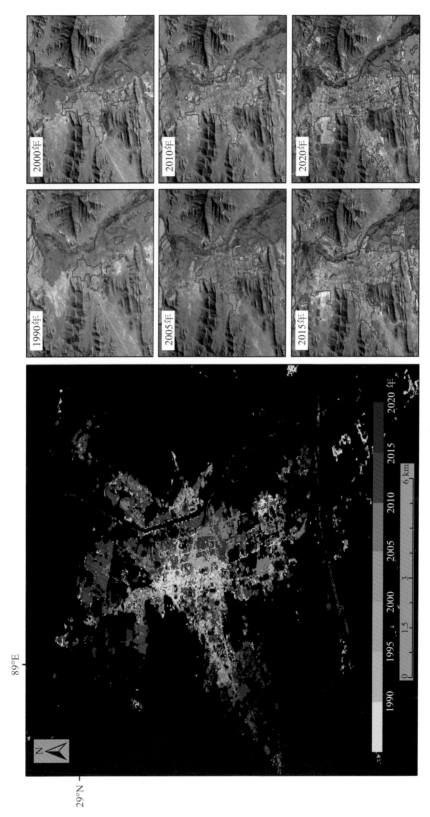

图 20.3 1990—2020 年日喀则市城乡居民用地扩张情况

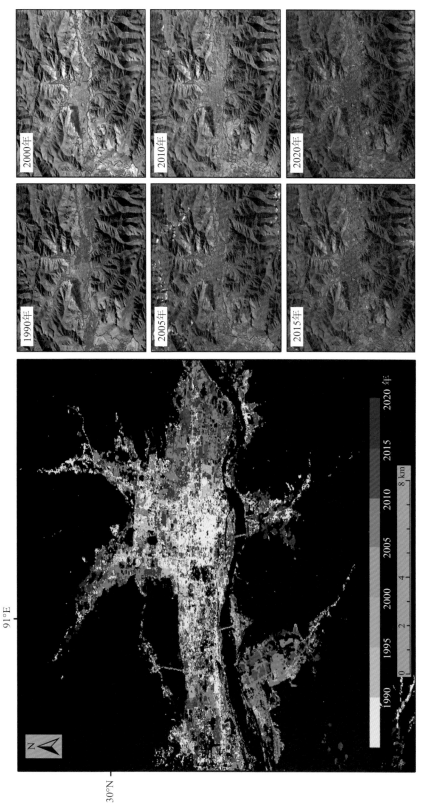

图 20.4　1990—2020 年拉萨市城乡居民用地扩张情况

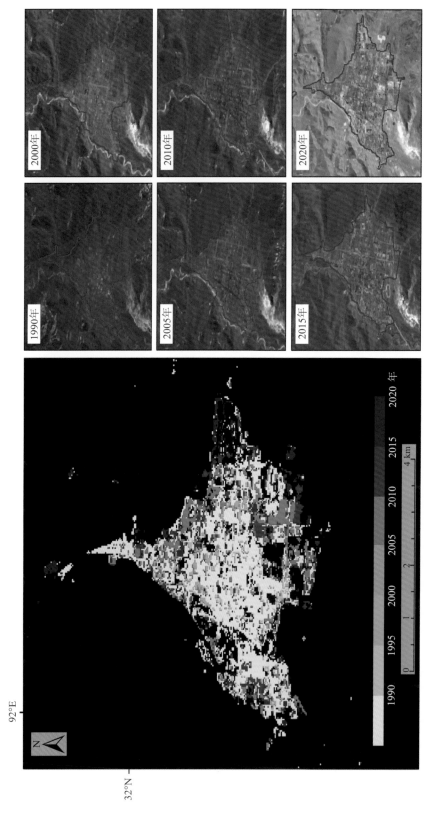

图 20.5 1990—2020 年那曲市城乡居民用地扩张情况

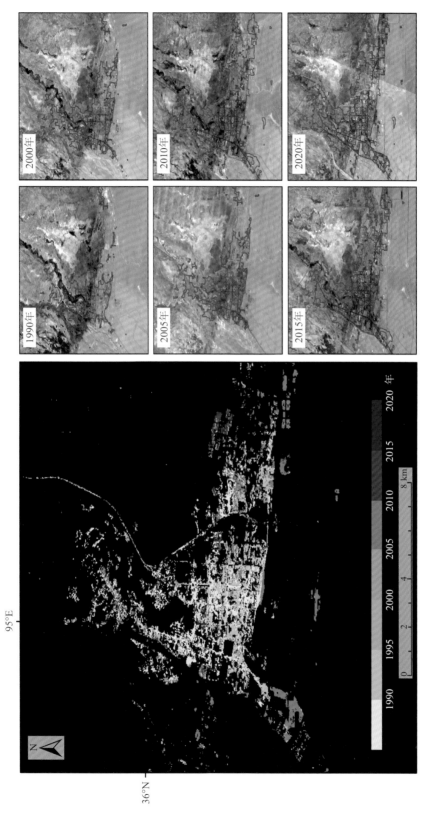

图 20.6 1990—2020 年格尔木市城乡居民用地扩张情况

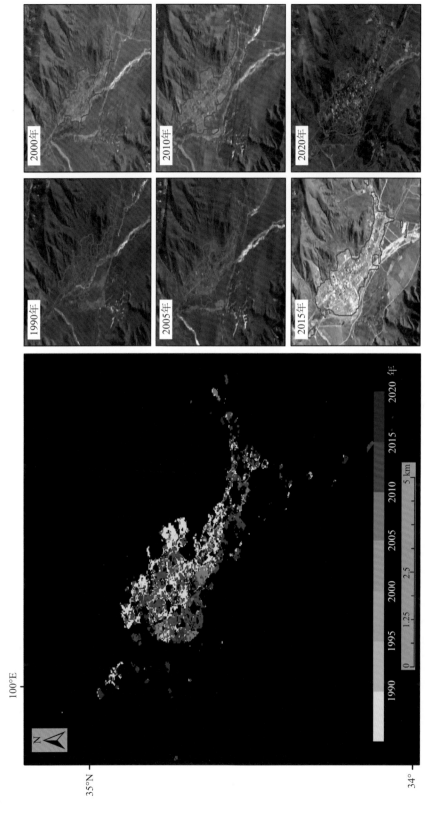

图 20.7　1990—2020 年果洛藏族自治州玛沁县城乡居民用地扩张情况

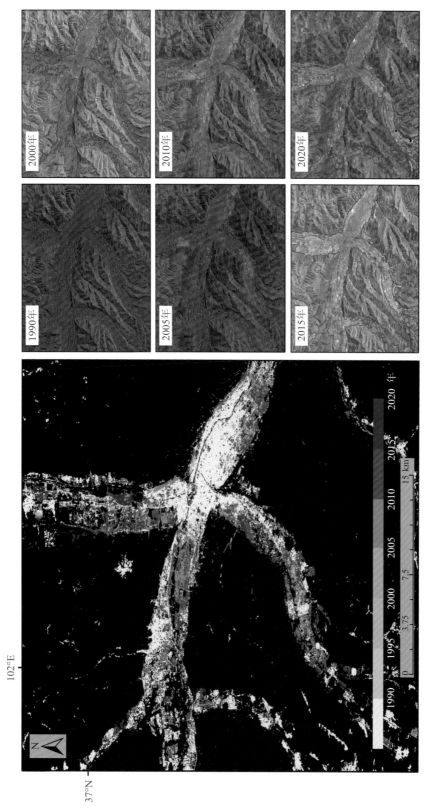

图 20.8 1990—2020 年西宁市城乡居民用地扩张情况

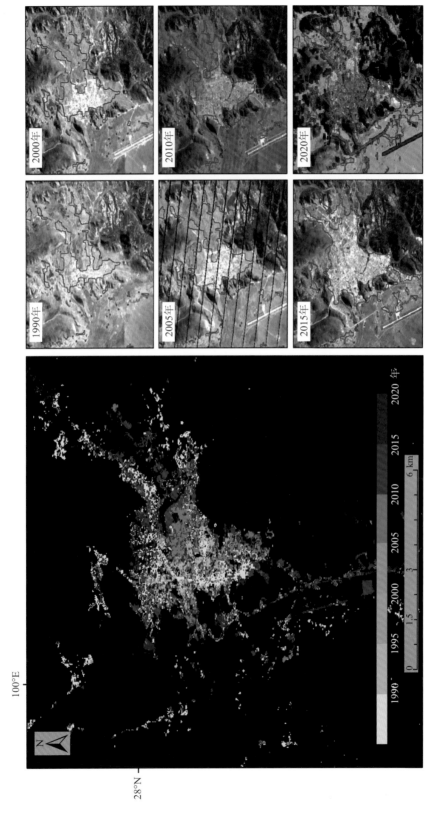

图 20.9　1990—2020 年迪庆藏族自治州城乡居民用地扩张情况

二十一、碳收支

2000 年以来,青藏高原陆地生态系统的 GPP、ER 和 NEP 总量呈现显著的增加趋势,变化速率分别为 6.97 Tg(C)/a、5.53 Tg(C)/a 和 1.44 Tg(C)/a,均通过 99% 显著性检验(图 21.1)。

2000—2021 年,青藏高原平均 GPP 表现出明显的空间分异,总体呈现出自东南向西北递减的趋势,高原东部和东南部地区海拔相对较低,水热条件较好,植被 GPP 高达 1200 g(C)/m²,而高原北部地区多为荒漠,植被稀疏,GPP 小于 150 g(C)/m²。值得注意的是,在青藏高原的南部边界上主要分布为森林,所以 GPP 也比较高。2000—2021 年青藏高原大部分地区 GPP 呈现增加趋势,并呈现为从西北向东南增加的趋势,东部边缘地区的增加速率甚至高达 10 g(C)/(m²·a)。青藏高原 GPP 的减小趋势主要集中在高原南部的森林地区,降水量的减少是限制该区 GPP 增加的主要因素(李红艳 等,2024)。ER 的空间分布和 GPP 基本类似,但是量级偏低,所以青藏高原整体表现为碳汇的状态,多年平均的 NEP 在空间分布上表现为自东南向西北递减的趋势,自 2000 年以来,青藏高原大部分地区 NEP 表现为上升趋势,高值区主要出现在高原的东部地区,与 GPP 变化趋势的空间分布类似,NEP 的减小趋势主要出现在高原的南部地区,同时在高原北部部分地区也表现为下降趋势(图 21.1~图 21.24)。

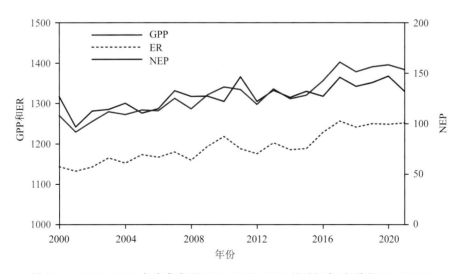

图 21.1　2000—2021 年青藏高原 GPP、ER 和 NEP 的时间序列(单位:Tg(C)/a)

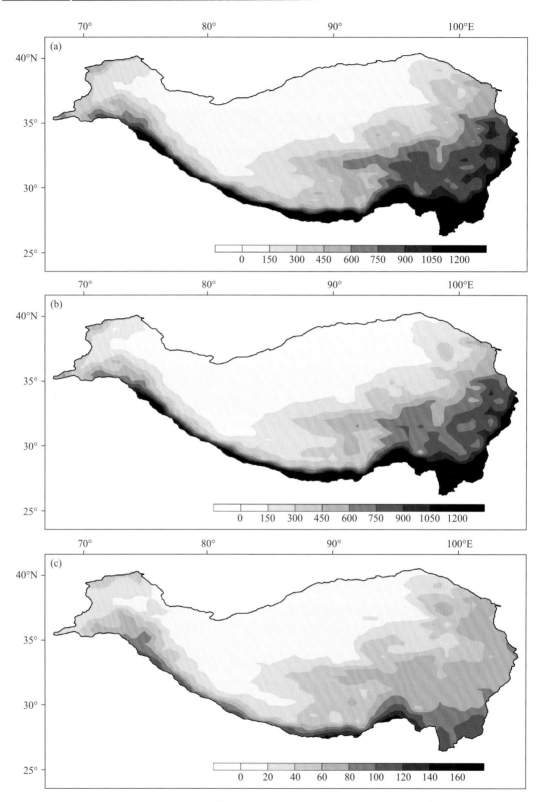

图 21.2　2000—2021 年青藏高原平均 GPP(a)、ER(b)和 NEP(c)的空间分布(单位：g(C)/m²)

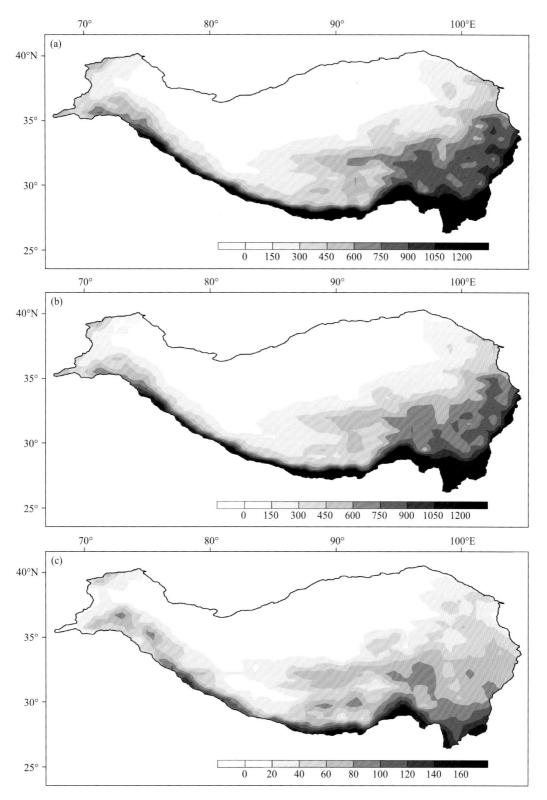

图 21.3　2000 年青藏高原 GPP(a)、ER(b) 和 NEP(c) 的空间分布(单位：g(C)/m²)

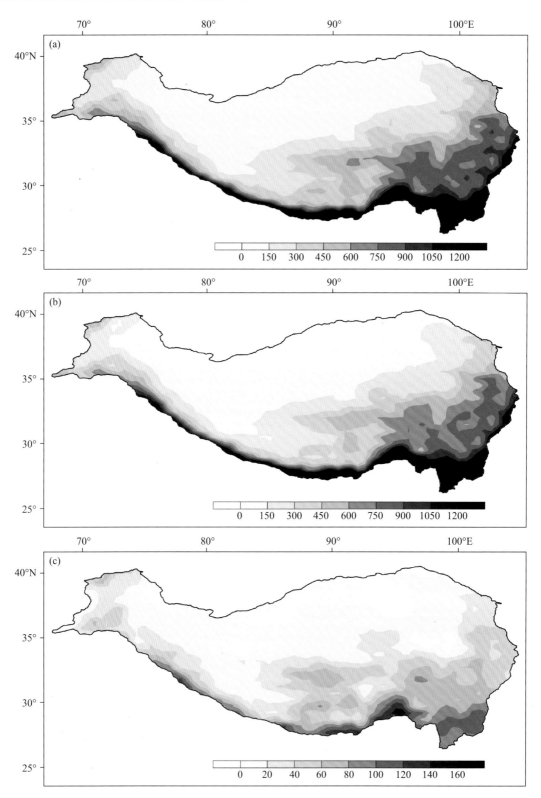

图 21.4　2001 年青藏高原 GPP(a)、ER(b) 和 NEP(c) 的空间分布(单位:g(C)/m²)

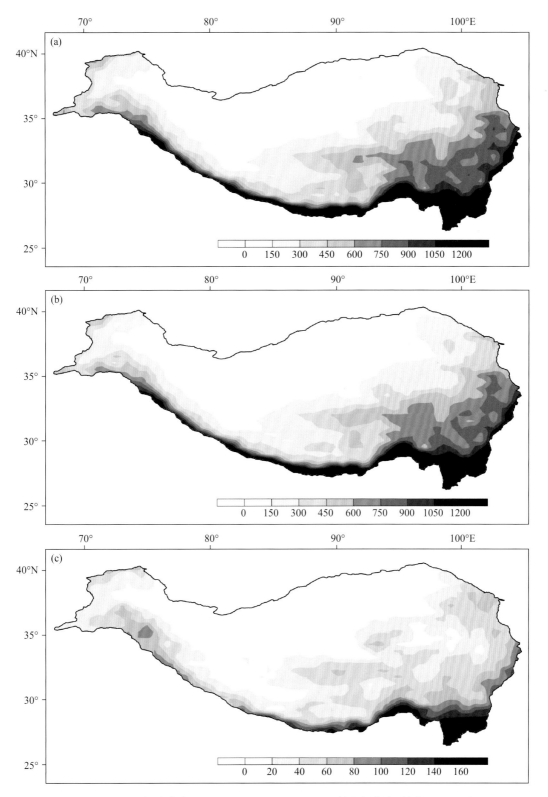

图 21.5　2002 年青藏高原 GPP(a)、ER(b) 和 NEP(c) 的空间分布(单位:g(C)/m²)

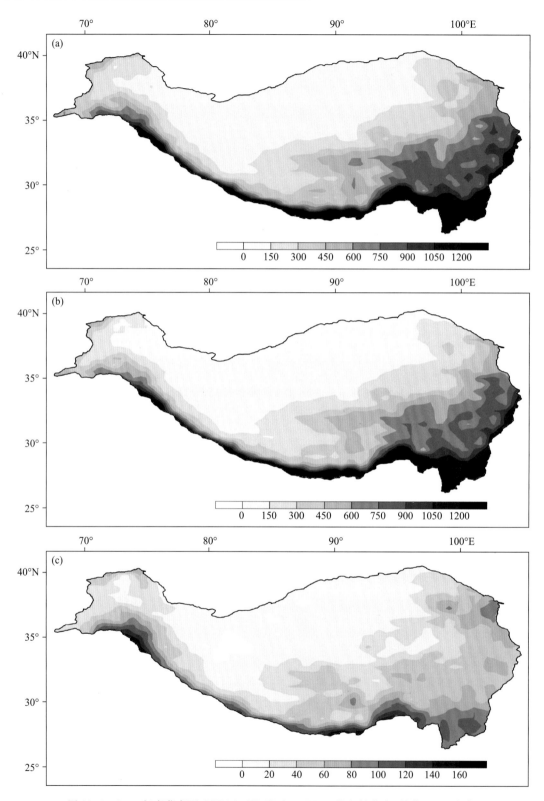

图 21.6　2003 年青藏高原 GPP(a)、ER(b)和 NEP(c)的空间分布(单位:g(C)/m²)

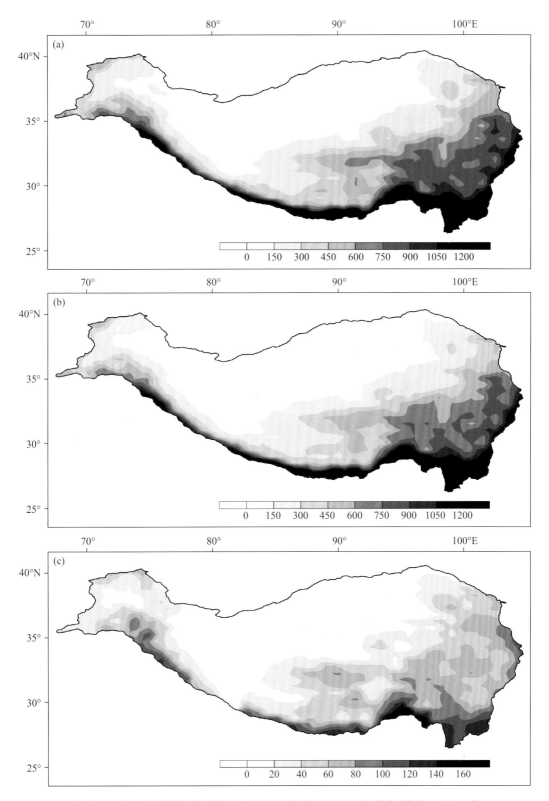

图 21.7　2004 年青藏高原 GPP(a)、ER(b)和 NEP(c)的空间分布(单位:g(C)/m²)

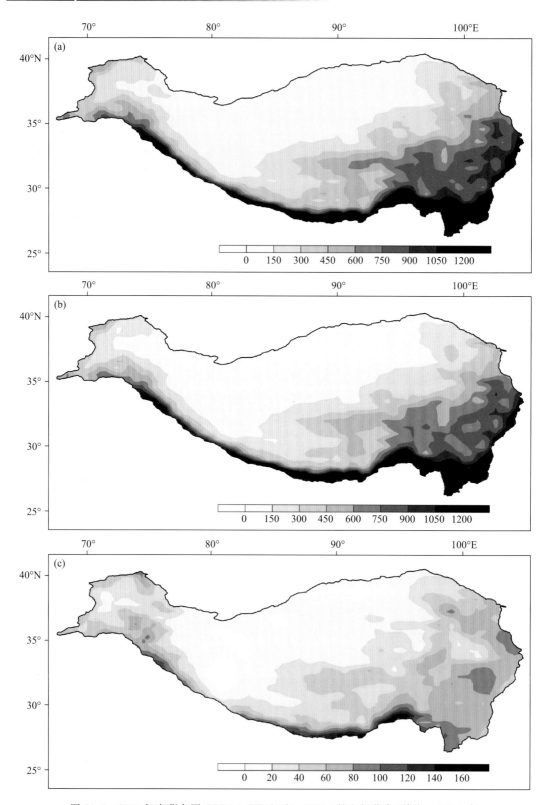

图 21.8 2005 年青藏高原 GPP(a)、ER(b)和 NEP(c)的空间分布(单位:g(C)/m²)

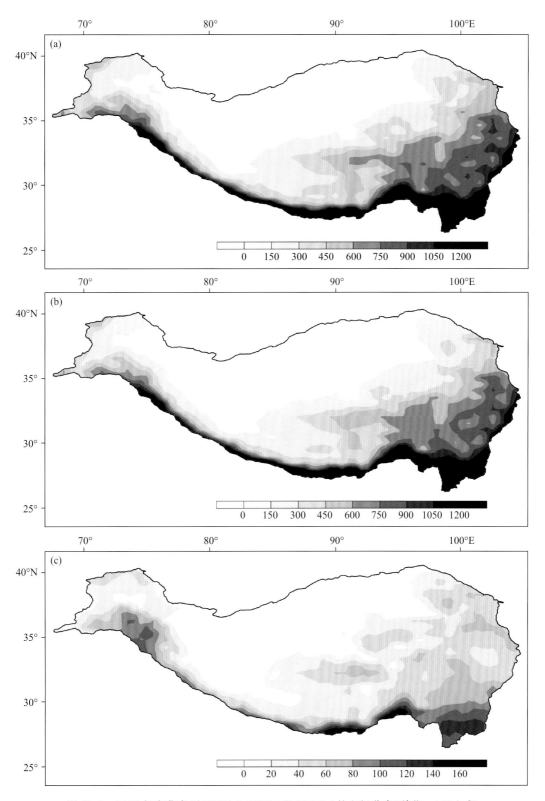

图 21.9　2006 年青藏高原 GPP(a)、ER(b)和 NEP(c)的空间分布(单位:g(C)/m²)

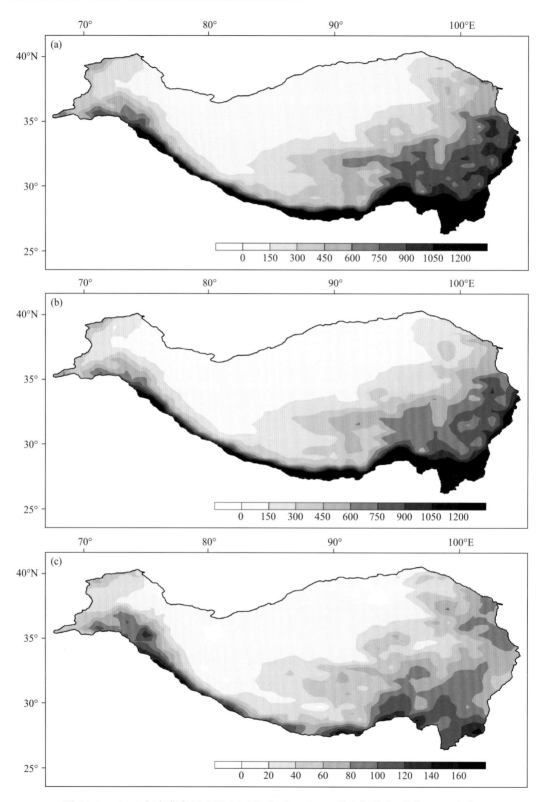

图 21.10 2007 年青藏高原 GPP(a)、ER(b)和 NEP(c)的空间分布(单位:g(C)/m²)

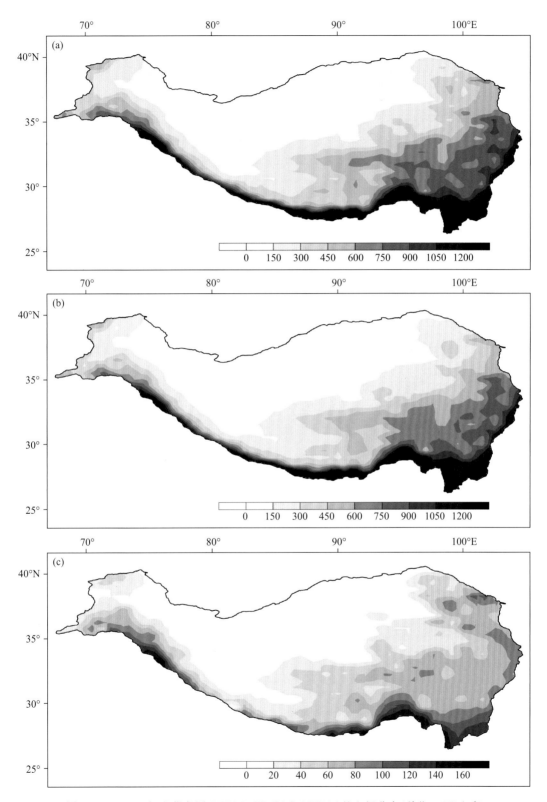

图 21.11 2008 年青藏高原 GPP(a)、ER(b)和 NEP(c)的空间分布(单位:g(C)/m²)

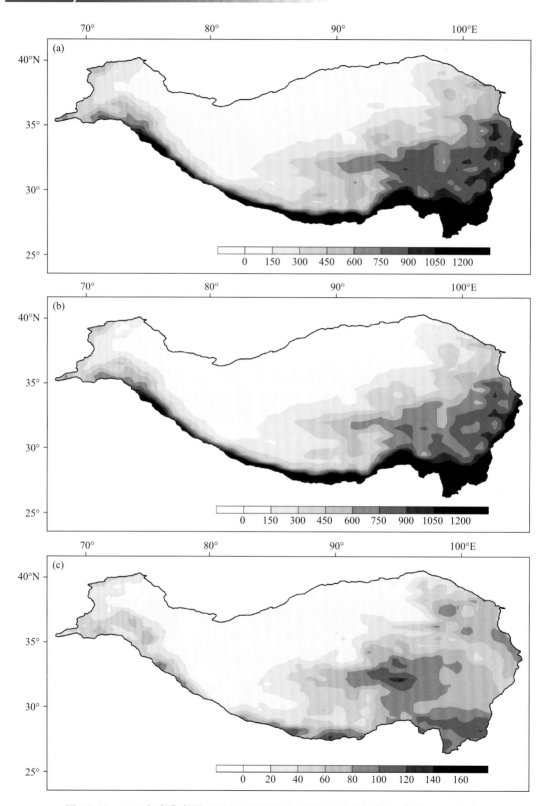

图 21.12 2009 年青藏高原 GPP(a)、ER(b) 和 NEP(c) 的空间分布(单位:g(C)/m²)

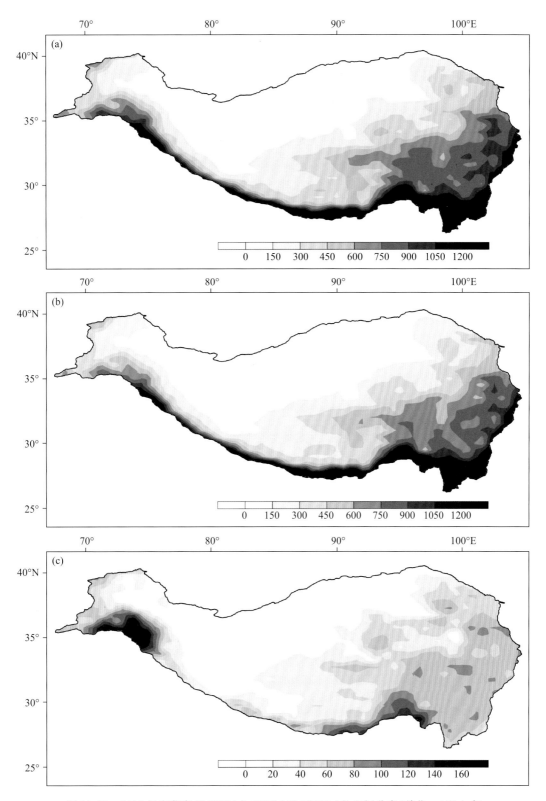

图 21.13 2010 年青藏高原 GPP(a)、ER(b) 和 NEP(c) 的空间分布(单位:g(C)/m²)

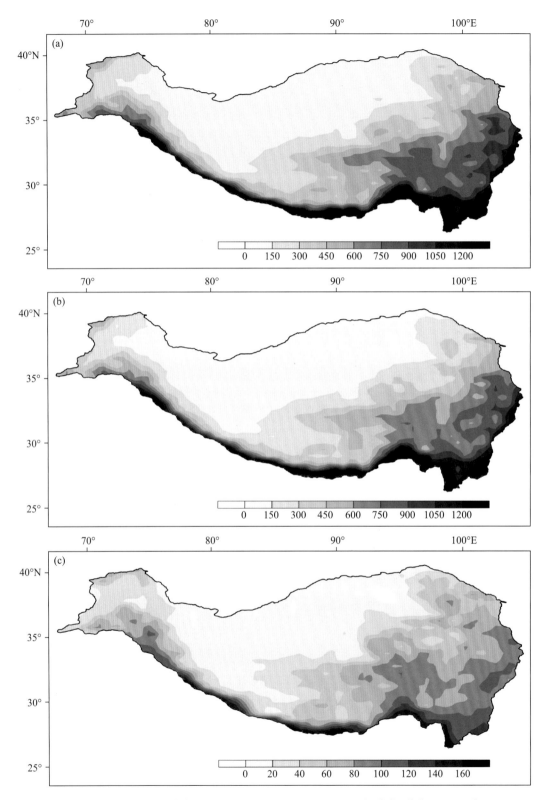

图 21.14　2011 年青藏高原 GPP(a)、ER(b) 和 NEP(c) 的空间分布(单位:g(C)/m²)

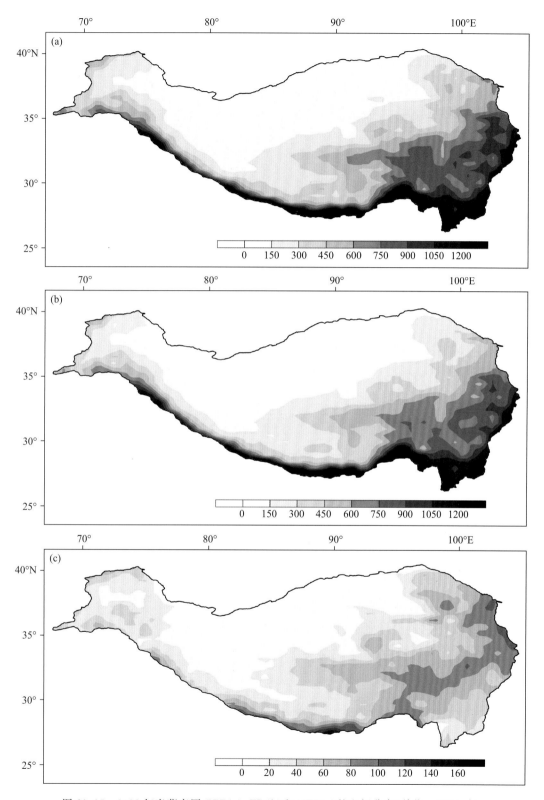

图 21.15　2012 年青藏高原 GPP(a)、ER(b)和 NEP(c)的空间分布(单位:g(C)/m²)

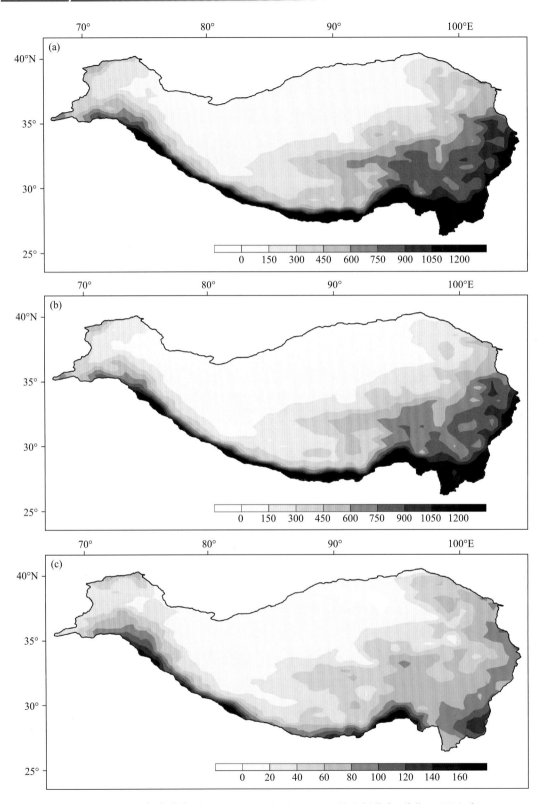

图 21.16 2013 年青藏高原 GPP(a)、ER(b)和 NEP(c)的空间分布(单位:g(C)/m²)

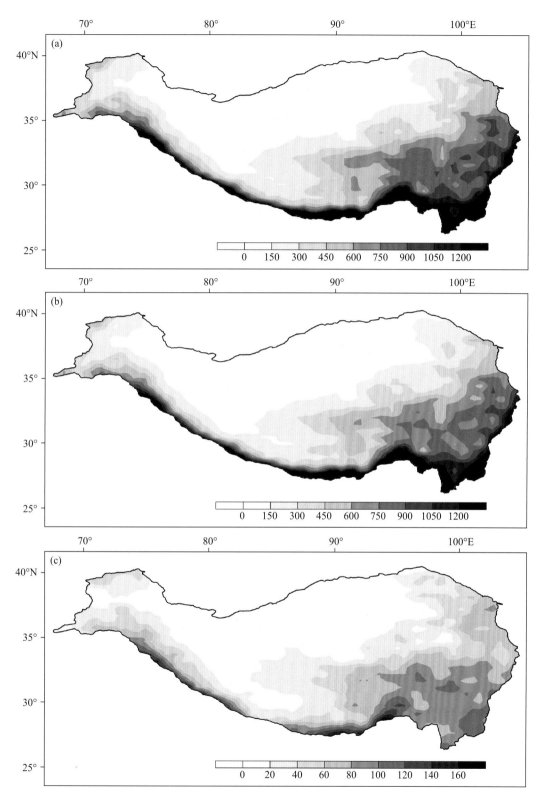

图 21.17　2014 年青藏高原 GPP(a)、ER(b)和 NEP(c)的空间分布(单位:g(C)/m²)

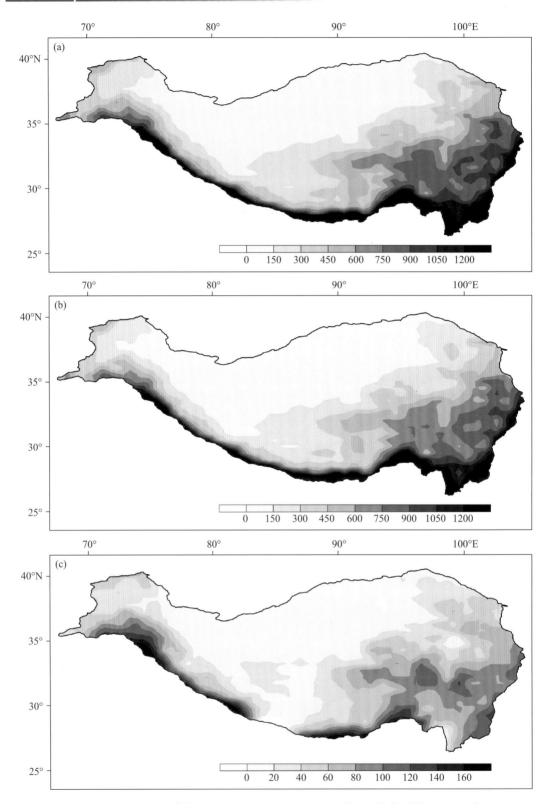

图 21.18 2015 年青藏高原 GPP(a)、ER(b)和 NEP(c)的空间分布(单位:g(C)/m²)

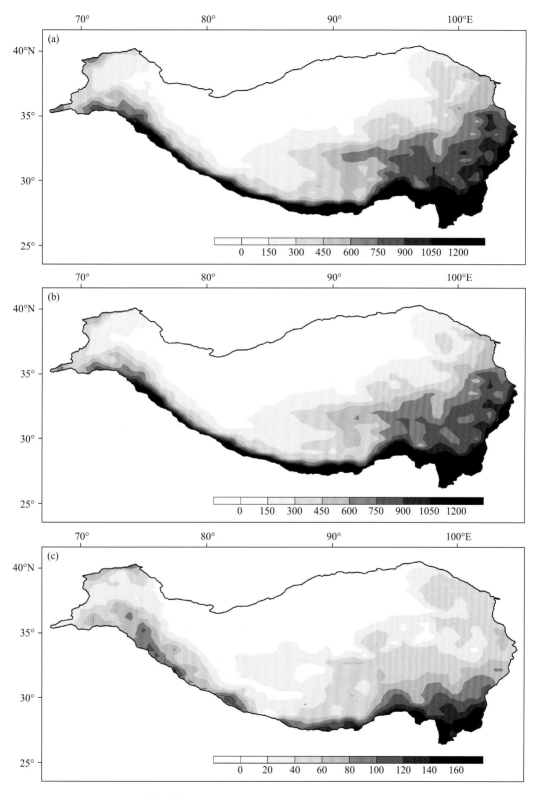

图 21.19　2016 年青藏高原 GPP(a)、ER(b) 和 NEP(c) 的空间分布(单位:g(C)/m²)

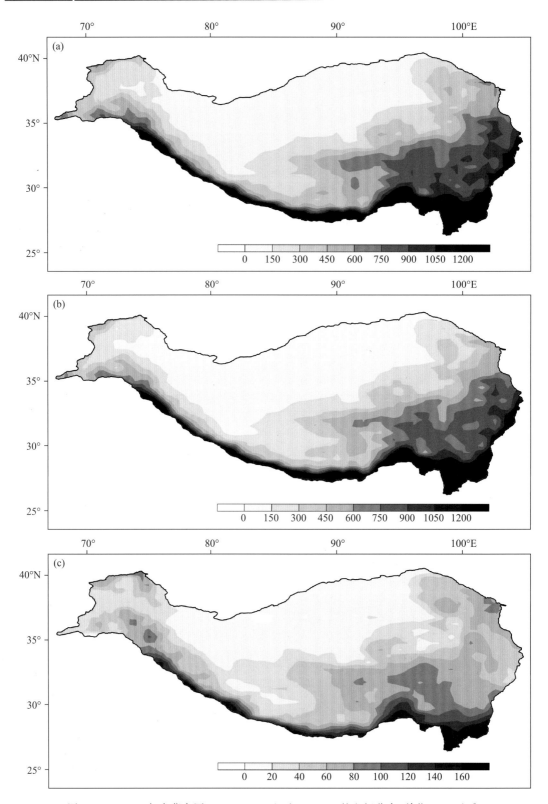

图 21.20　2017 年青藏高原 GPP(a)、ER(b)和 NEP(c)的空间分布(单位:g(C)/m²)

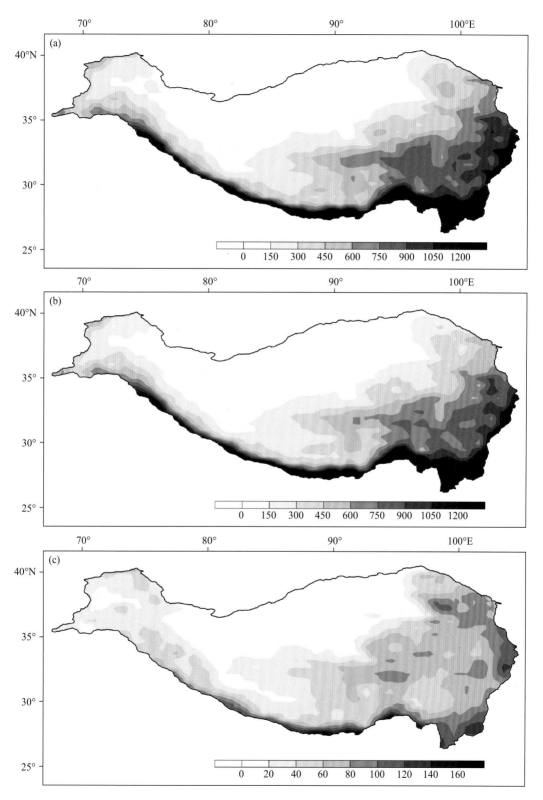

图 21.21　2018 年青藏高原 GPP(a)、ER(b) 和 NEP(c) 的空间分布(单位:g(C)/m²)

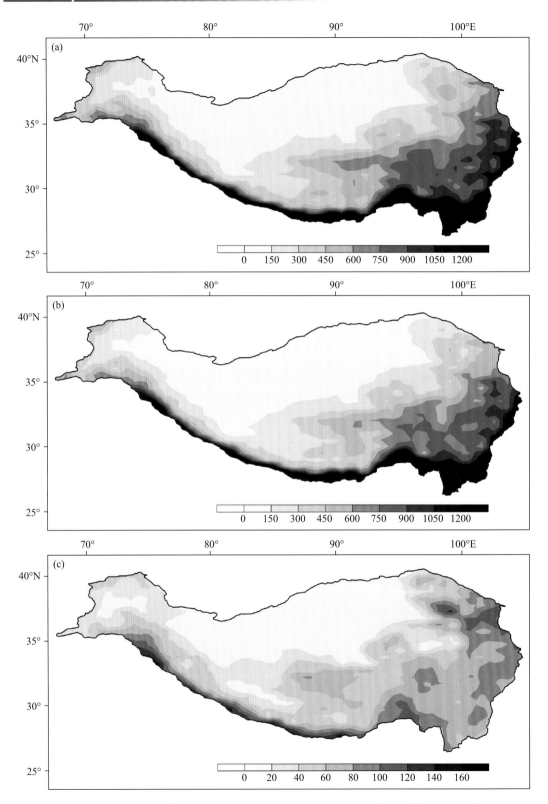

图 21.22　2019 年青藏高原 GPP(a)、ER(b) 和 NEP(c) 的空间分布(单位:g(C)/m²)

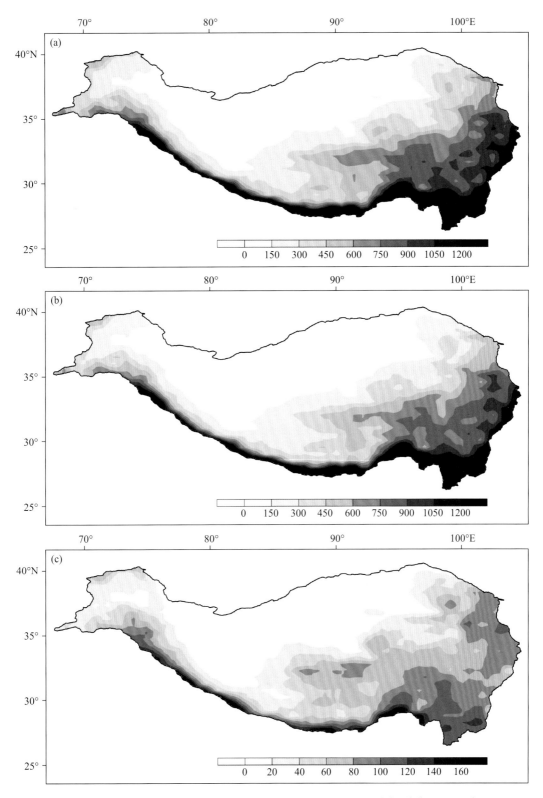

图 21.23　2020 年青藏高原 GPP(a)、ER(b)和 NEP(c)的空间分布(单位:g(C)/m²)

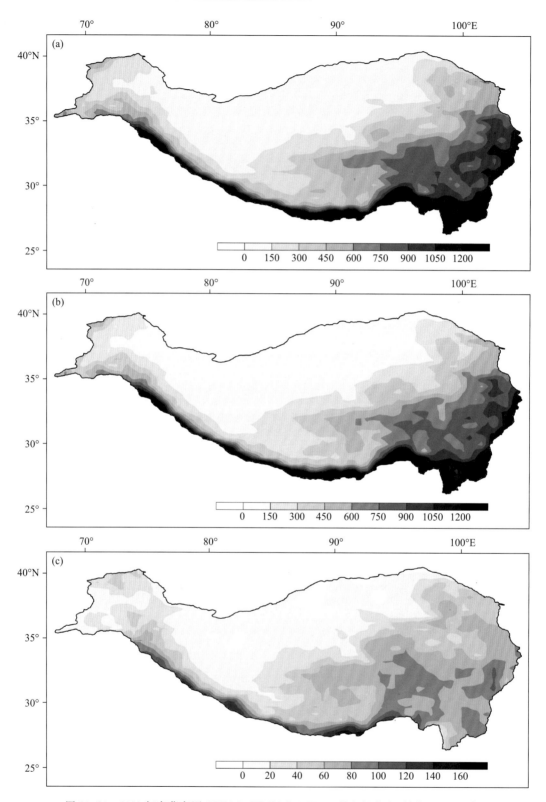

图 21.24　2021 年青藏高原 GPP(a)、ER(b)和 NEP(c)的空间分布(单位:g(C)/m²)

二十二、未来气候环境

　　相较于历史时期(1995—2014年),SSP1-2.6、SSP2-4.5、SSP3-7.0和SSP5-8.5排放情景下,2030年青藏高原温度分别增加0.87 ℃、1.16 ℃、1.14 ℃和1.24 ℃。其中,SSP1-2.6情景下温度升高的低值区主要位于青藏高原的中部,高值区主要出现在高原东部、北部和西北部地区;SSP2-4.5情景下增温高值区主要出现在中东部地区;SSP3-7.0情景下增温高值区向中西部地区转移;SSP5-8.5情景下增温高值区则出现在高原的西北部地区,增温幅度大于1.5℃。SSP1-2.6、SSP2-4.5、SSP3-7.0和SSP5-8.5排放情景下,2060年青藏高原温度分别升高2.03 ℃、2.23 ℃、2.33 ℃和3.46 ℃,增温幅度大于2030年,且随着排放情景的增加增温幅度不断增大。空间分布上,不同排放情景下增温幅度的空间分布基本类似,整体表现为藏东南地区增温幅度较低,而西南部地区增温幅度较高(图22.1～22.8)。

　　相较于历史时期(1995—2014年),2030年青藏高原年降水量整体上表现为增加趋势。SSP1-2.6、SSP2-4.5、SSP3-7.0和SSP5-8.5排放情景下,降水量分别增加7.16%、1.08%、0.31%和1.03%,其中,SSP1-2.6情景下降水量的增加幅度最高。空间分布上,SSP1-2.6情景下,除藏东南部分地区外,青藏高原其他区域降水量均表现为增加趋势,降水量增加的高值区主要位于青藏高原的东北部和西南部;SSP2-4.5和SSP3-7.0情景下,青藏高原降水量减少的区域主要呈从藏东南地区向北部和西北部延伸;SSP5-8.5情景下,降水量减少的高值中心转移到青藏高原的西南部地区。随着时间的延伸,至2060年青藏高原年降水量进一步增加,SSP1-2.6、SSP2-4.5、SSP3-7.0和SSP5-8.5情景下,相对于历史时期年降水量分别增加9.02%、9.05%、8.08%和13.69%;空间分布上,青藏高原大部分地区降水量均表现为增加趋势,不同排放情景下只在零星部分地区表现为减少趋势(图22.9～22.16)。

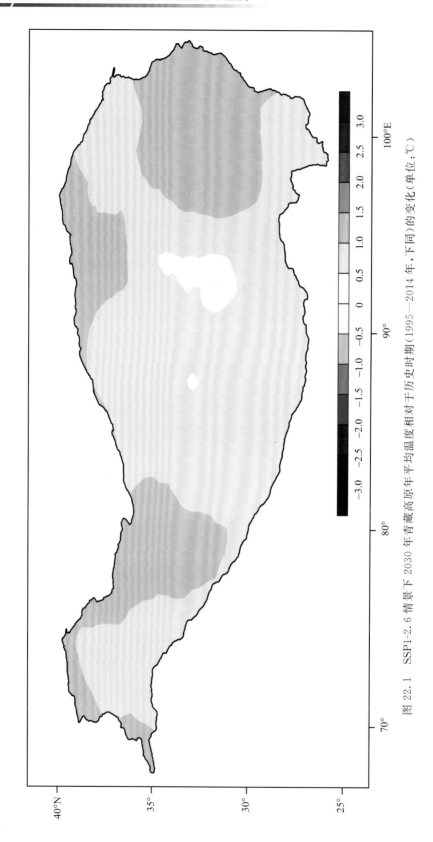

图 22.1　SSP1-2.6 情景下 2030 年青藏高原年平均温度相对于历史时期(1995—2014 年,下同)的变化(单位:℃)

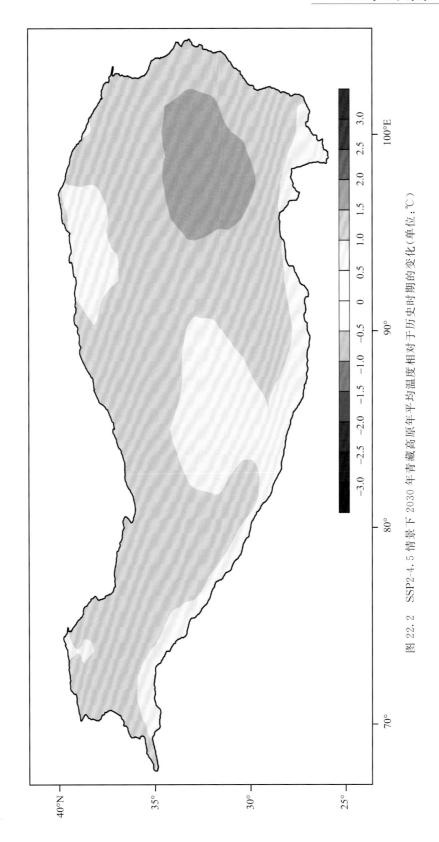

图 22.2　SSP2-4.5 情景下 2030 年青藏高原年平均温度相对于历史时期的变化（单位：℃）

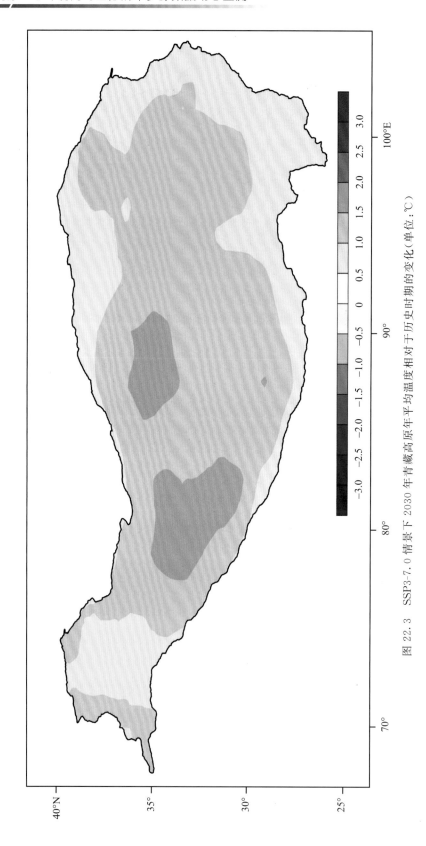

图 22.3　SSP3-7.0 情景下 2030 年青藏高原年平均温度相对于历史时期的变化（单位：℃）

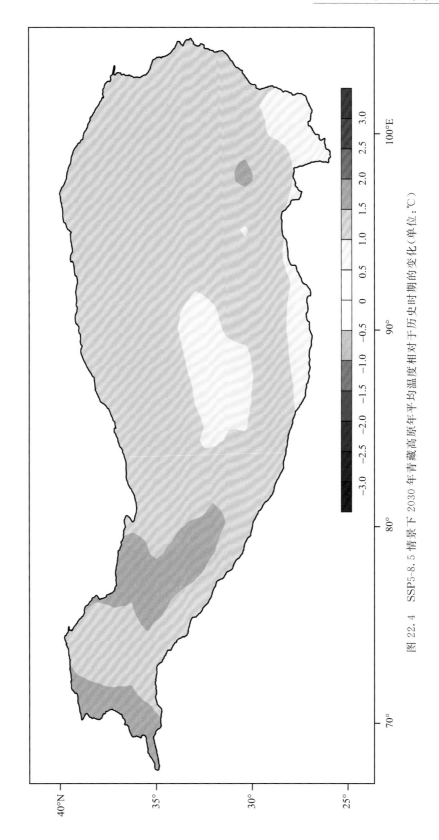

图 22.4　SSP5-8.5 情景下 2030 年青藏高原年平均温度相对于历史时期的变化（单位：℃）

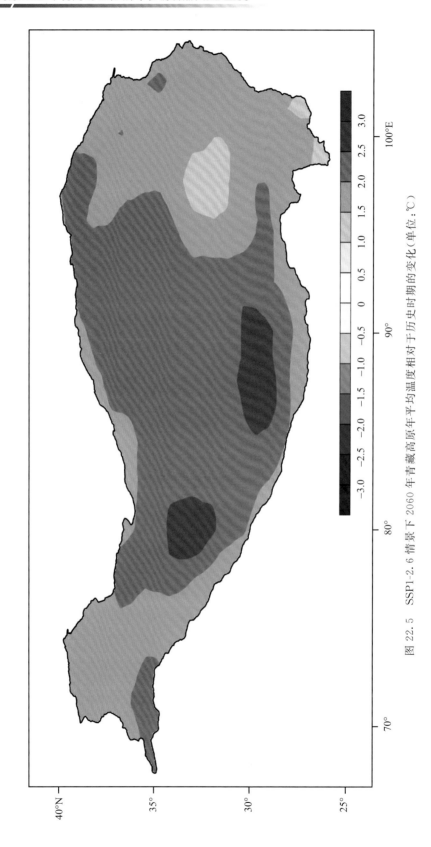

图 22.5　SSP1-2.6 情景下 2060 年青藏高原年平均温度相对于历史时期的变化（单位：℃）

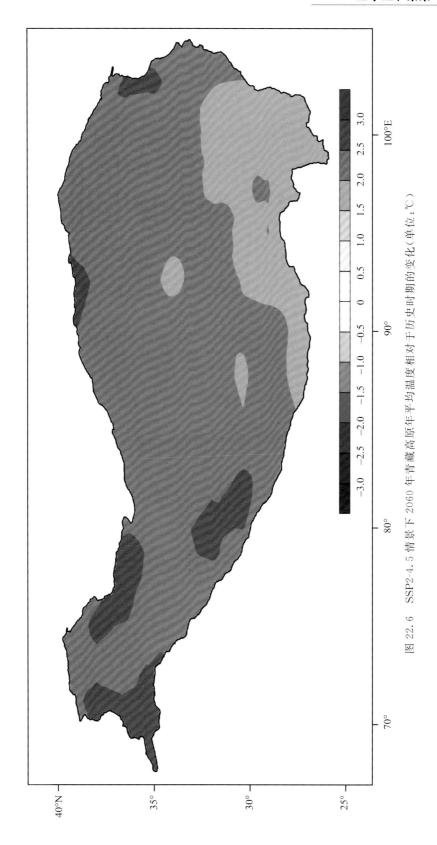

图 22.6 SSP2-4.5 情景下 2060 年青藏高原年平均温度相对于历史时期的变化（单位：℃）

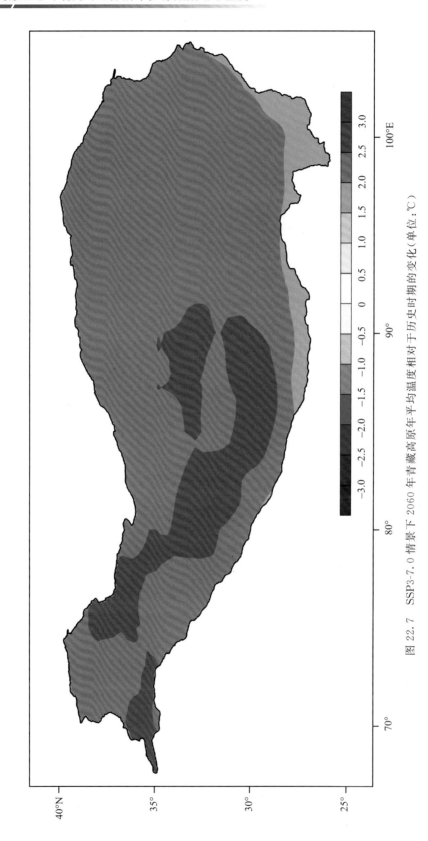

图 22.7 SSP3-7.0 情景下 2060 年青藏高原年平均温度相对于历史时期的变化(单位:℃)

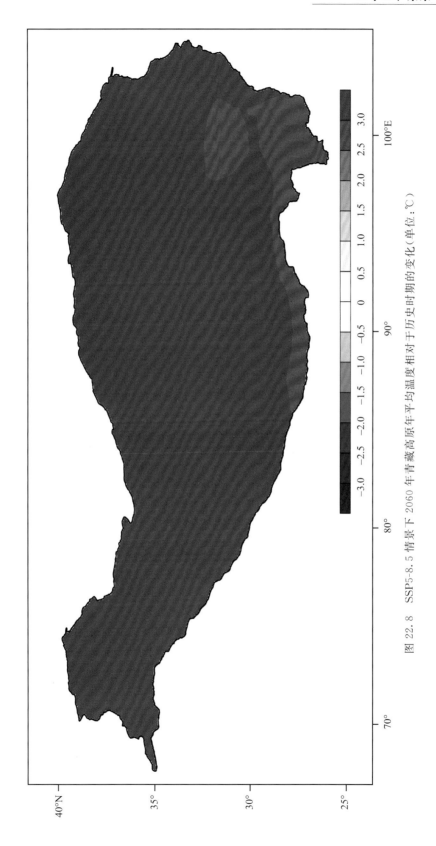

图 22.8　SSP5-8.5 情景下 2060 年青藏高原年平均温度相对于历史时期的变化（单位：℃）

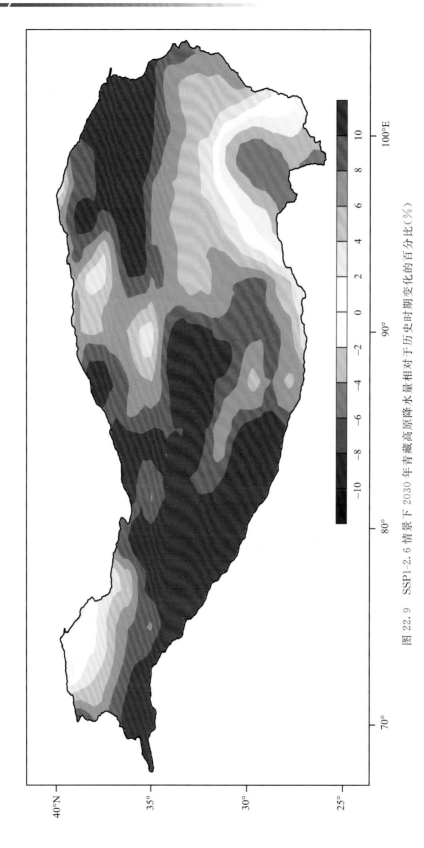

图 22.9　SSP1-2.6 情景下 2030 年青藏高原降水量相对于历史时期变化的百分比（%）

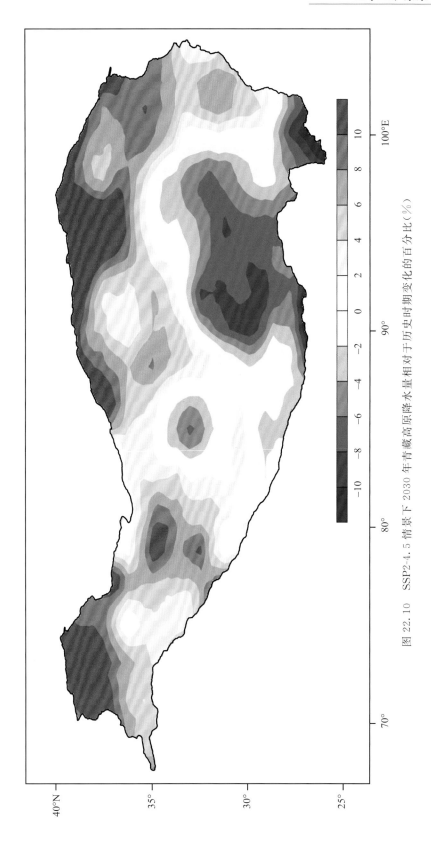

图 22.10　SSP2-4.5 情景下 2030 年青藏高原降水量相对于历史时期变化的百分比（%）

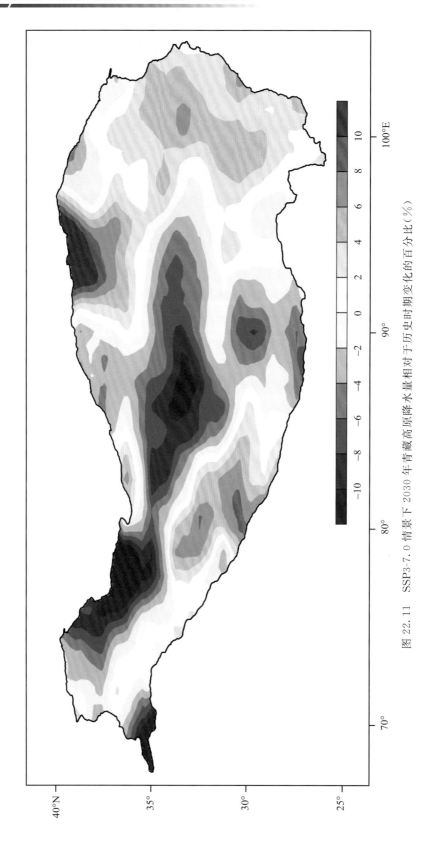

图 22.11　SSP3-7.0 情景下 2030 年青藏高原降水量相对于历史时期变化的百分比（%）

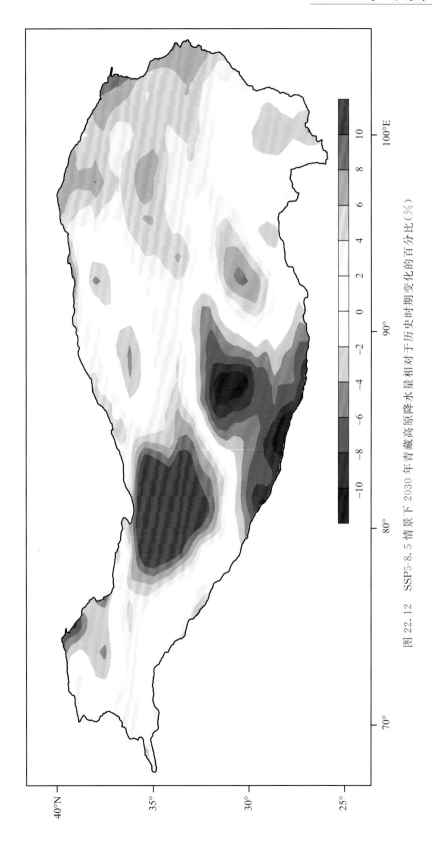

图 22.12　SSP5-8.5 情景下 2030 年青藏高原降水量相对于历史时期变化的百分比（%）

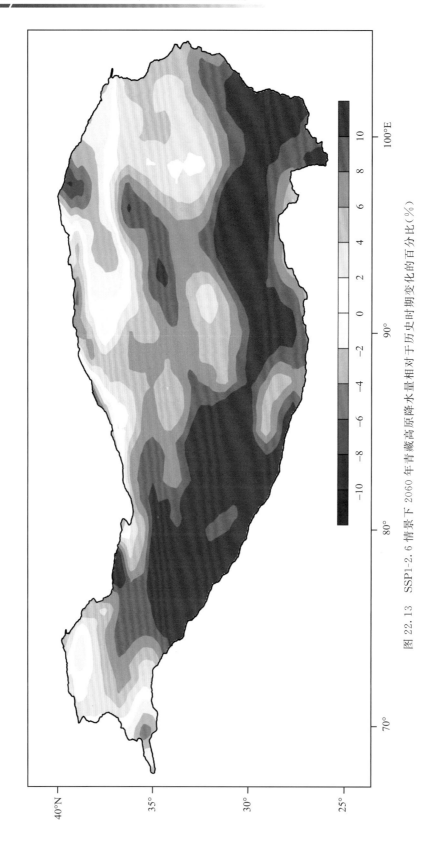

图 22.13 SSP1-2.6 情景下 2060 年青藏高原降水量相对于历史时期变化的百分比（%）

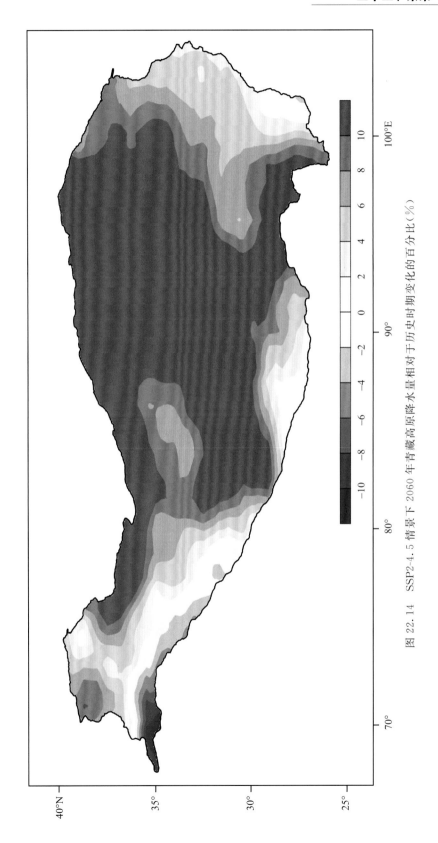

图 22.14　SSP2-4.5 情景下 2060 年青藏高原降水量相对于历史时期变化的百分比（%）

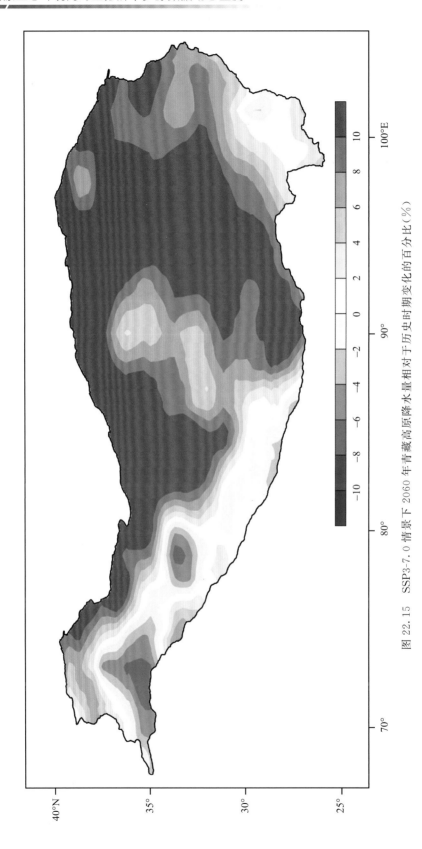

图 22.15　SSP3-7.0 情景下 2060 年青藏高原降水量相对于历史时期变化的百分比（%）

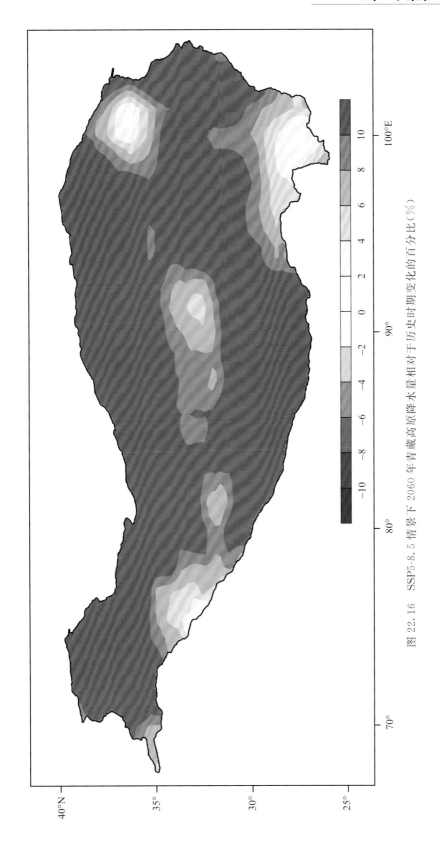

图 22.16　SSP5-8.5 情景下 2060 年青藏高原降水量相对于历史时期变化的百分比（%）

二十三、未来碳收支

相对于历史时期(1995—2014 年),SSP1-2.6、SSP2-4.5、SSP3-7.0 和 SSP5-8.5 排放情景下,2030 年青藏高原 GPP 整体表现为增加趋势,在空间上呈现出自东南向西北递减的分布格局,在青藏高原的西南边界也出现 GPP 增加的高值区。2030 年,青藏高原 ER 也表现为增加趋势,且空间分布特征与 GPP 类似。2030 年,青藏高原 NEP 整体表现为增加趋势,但存在明显的空间异质性;其中,SSP1-2.6 情景下增加高值区主要位于藏东南地区,而在青藏高原的中部则表现为减小的趋势;SSP2-4.5 情景下,减小趋势向青藏高原东北部和西北部扩张;SSP3-7.0 和 SSP5-8.5 情景下,减小趋势主要位于青藏高原北部地区,增加高值区则向青藏高原南部地区转移。2060 年,青藏高原 GPP、ER 和 NEP 的增加幅度相对于 2030 年呈进一步升高趋势,并表现为随着排放情景的增加而增加,在空间分布上基本上和 2030 年的变化趋势类似(图 23.1~图 23.8)。

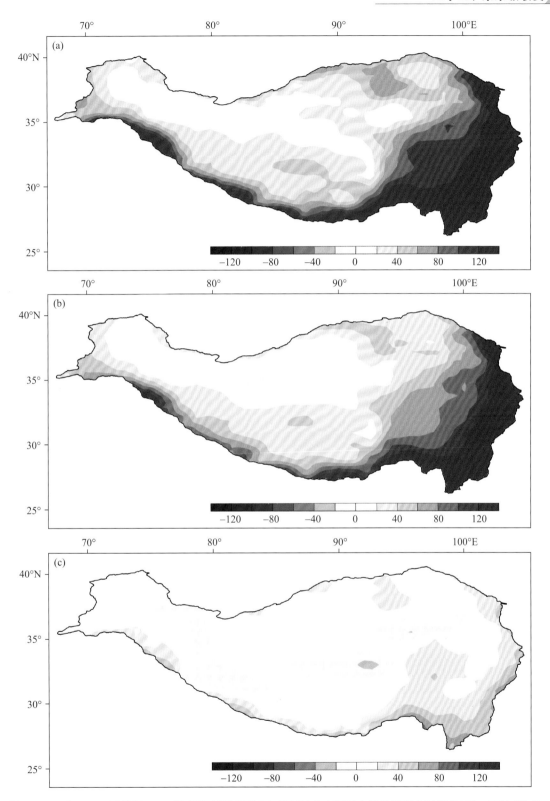

图 23.1　SSP1-2.6 情景下 2030 年青藏高原 GPP(a)、ER(b)和 NEP(c)相对于历史时期(1995—2014 年)的
变化(单位:g(C)/m²)

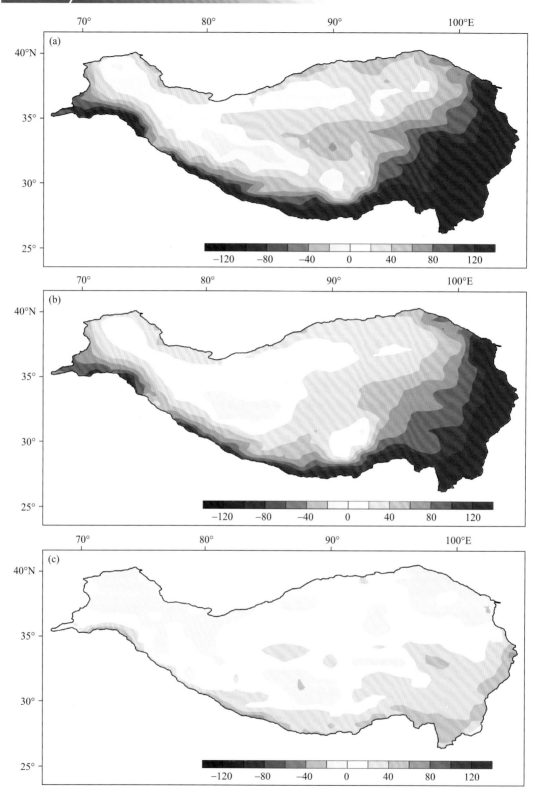

图 23.2　SSP2-4.5 情景下 2030 年青藏高原 GPP(a)、ER(b) 和 NEP(c) 相对于历史时期(1995—2014 年)的
变化(单位:g(C)/m²)

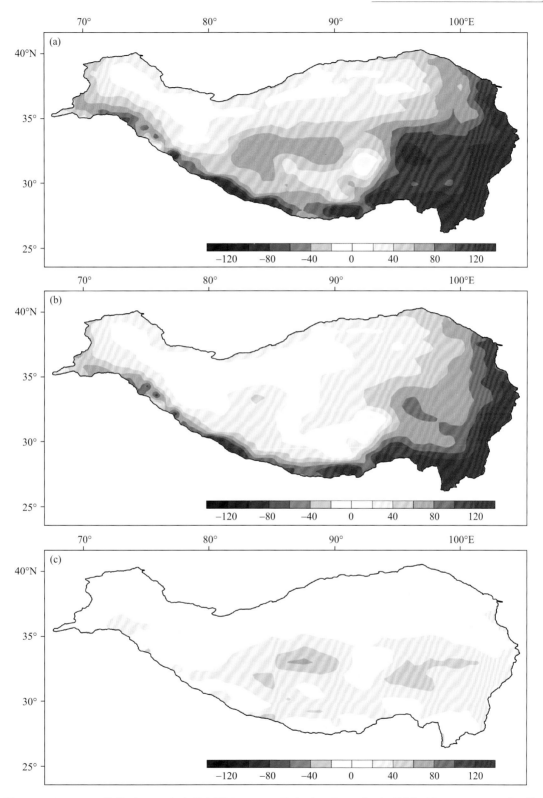

图 23.3　SSP3-7.0 情景下 2030 年青藏高原 GPP(a)、ER(b) 和 NEP(c) 相对于历史时期(1995—2014 年)的
变化(单位:g(C)/m²)

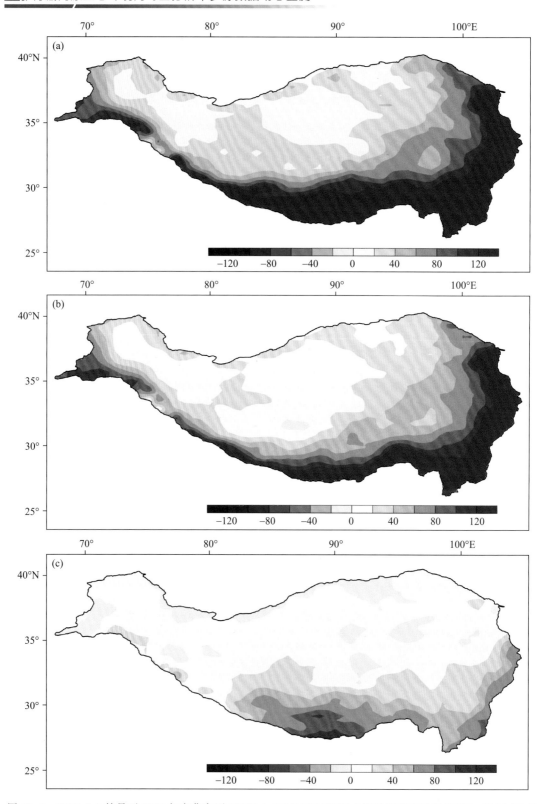

图 23.4　SSP5-8.5 情景下 2030 年青藏高原 GPP(a)、ER(b)和 NEP(c)相对于历史时期(1995—2014 年)的
变化(单位:g(C)/m²)

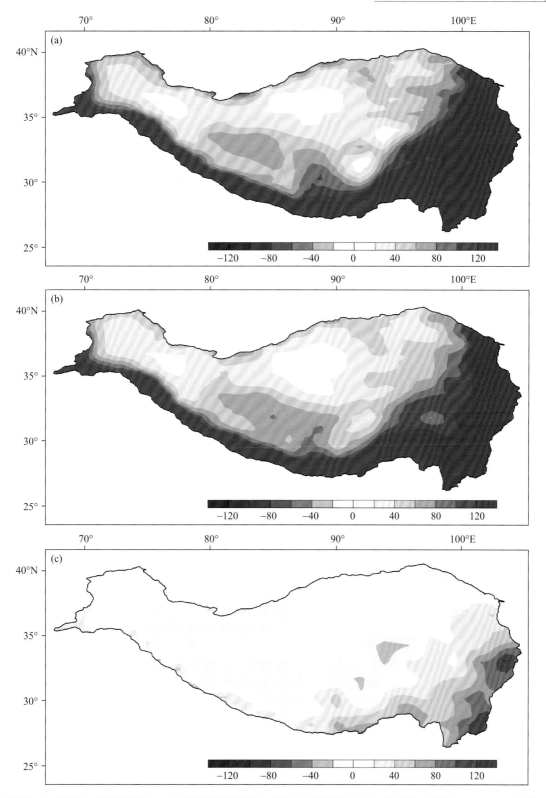

图 23.5　SSP1-2.6 情景下 2060 年青藏高原 GPP(a)、ER(b)和 NEP(c)相对于历史时期(1995—2014 年)的
变化(单位:g(C)/m²)

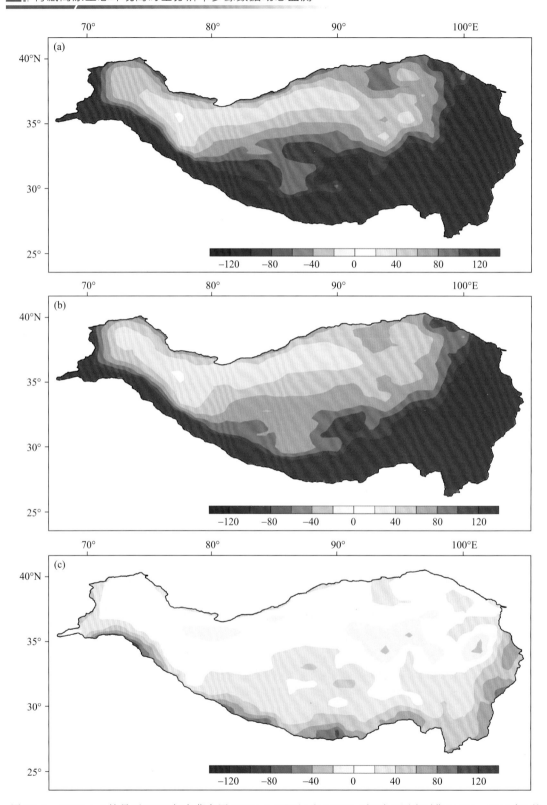

图 23.6　SSP2-4.5 情景下 2060 年青藏高原 GPP(a)、ER(b)和 NEP(c)相对于历史时期(1995—2014 年)的
变化(单位:g(C)/m²)

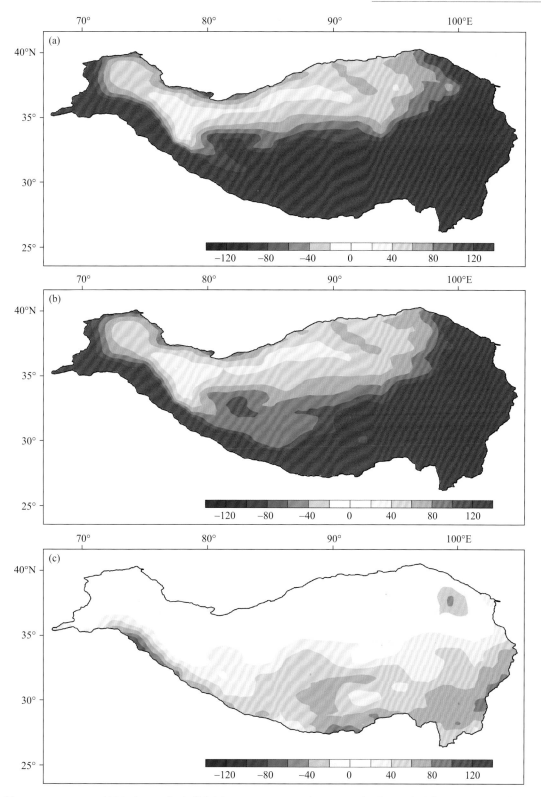

图 23.7　SSP3-7.0 情景下 2060 年青藏高原 GPP(a)、ER(b)和 NEP(c)相对于历史时期(1995—2014 年)的
变化(单位:g(C)/m²)

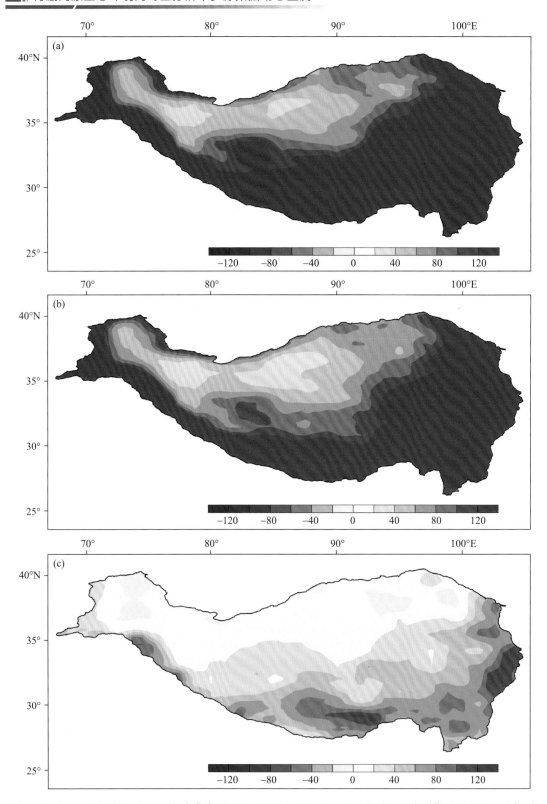

图 23.8　SSP5-8.5 情景下 2060 年青藏高原 GPP(a)、ER(b) 和 NEP(c) 相对于历史时期(1995—2014 年)的
变化(单位:g(C)/m²)

参考文献

边多,曾林,德吉央宗,等,2021.西藏湖泊遥感动态监测图集[M].北京:气象出版社.

曹光杰,1999.中国生态环境问题分析[J].临沂师专学报(3):26-29,36.

陈涛,杨武年,2003."3S"技术在生态环境动态监测中的应用研究[J].中国环境监测(3):19-22.

除多,2018.青藏高原积雪图集[M].北京:气象出版社.

李伯新,姜超,孙建新,2023.CMIP6模式对中国西南部地区植被碳利用率模拟能力综合评估[J].植物生态学报,47(9):1211-1224.

李红艳,吴小丹,马杜娟,等,2024.青藏高原GPP时空变化特征及影响因素分析[J].遥感技术与应用,39(3):727-740.

王丹,王爱慧,2017.1901—2013年GPCC和CRU降水资料在中国大陆的适用性评估[J].气候与环境研究,22(4):446-462.

闻新宇,王绍武,朱锦红,2006.英国CRU高分辨率格点资料揭示的20世纪中国气候变化[J].大气科学,30(5):894-904.

张镱锂,李炳元,刘林山,等,2021.再论青藏高原范围[J].地理研究,40(6):1543-1553.

FARR T G,ROSEN P A,CARO E,et al,2007.The shuttle radar topography mission[J].Reviews of geophysics,45(2):RG2004.

JAMES G,WITTEN D,HASTIE T,et al,2013.An introduction to statistical learning[M].New York:springer.

LI X,GONG P,LIANG L,2015.A 30-year(1984—2013)record of annual urban dynamics of Beijing City derived from Landsat data[J].Remote Sensing of Environment,166:78-90.

ZHU Z,WOODCOCK C E,2014.Continuous change detection and classification of land cover using all available Landsat data[J].Remote sensing of Environment,144:152-171.

ZHU Z,ZHANG J,YANG Z,et al,2020.Continuous monitoring of land disturbance based on Landsat time series[J].Remote Sensing of Environment,238:111116.